中国疾病预防控制中心营养与健康所　编著

U0278330

婴幼儿喂养手册

中国人口出版社
China Population Publishing House
全国百佳出版单位

图书在版编目（CIP）数据

婴幼儿喂养手册 / 中国疾病预防控制中心营养与健康所编著. --
北京：中国人口出版社，2017.6
ISBN 978-7-5101-5061-6

Ⅰ. ①婴… Ⅱ. ①中… Ⅲ. ①婴幼儿－哺育－手册
Ⅳ. ①TS976.31

中国版本图书馆CIP数据核字(2017)第098974号

婴幼儿喂养手册

中国疾病预防控制中心营养与健康所　　编著

出版发行	中国人口出版社
印　　刷	北京和谐彩色印刷有限公司
开　　本	787毫米×1092毫米　　1/16
印　　张	14
字　　数	250千
版　　次	2017年6月第1版
印　　次	2017年6月第1次印刷
书　　号	ISBN 978-7-5101-5061-6
定　　价	28.00元

社　　长	邱立
网　　址	www.rkcbs.net
电子信箱	rkcbs@126.com
总编室电话	(010)83519392
发行部电话	(010)83530809
传　　真	(010)83538190
地　　址	北京市西城区广安门南街80号中加大厦
邮　　编	100054

营养科学有许多重要发现，其中一个就是发现了人的每一个生理阶段的营养都对其后产生影响，如胎儿的营养会影响婴幼儿，婴幼儿影响到青少年，以此类推可知，早期儿童的营养影响着一生的健康。早期儿童的营养不良导致生长和认知迟缓，而且难以通过以后的营养补充完全恢复，一些慢性疾病也可追根溯源到早期营养，这样的事实得到了不断积累的科学数据的印证。

营养不良与疾病不是同一个概念，如果我们的身体是一个建筑，那么水管漏了、窗户破了、电闸跳了就是疾病，可以通过修复，也就是治疗来解决，而营养不良则是建筑的水泥、砖木、水管和电线材料质量低下，抑或水质、电压和网络信号不达标。可见，营养不良影响着建筑的整体质量。这个举例还不能充分说明问题，因为人体的复杂程度远不是建筑可以比拟的，但其明示我们筑牢营养基础是实现健康的正途。

营养科学发现人体完整而精妙，但并不完美，甚至有许多缺陷，其中一个就是太过容易地出现营养不良，尤其是在生命的初期。生命初期最早的 1000 天被全世界的营养健康学界重视，因为这一时期生命太过脆弱，营养又太过重要。我的几位同事，长期忙碌于人群的营养改善，她们感到现实中早期儿童的营养不良不是一定要发生的，只要孩子的监护人拥有一定的养育和喂养知识，并且用心去做。她们把自己的科学知识和经验编成这本册子，并且期望本书反映营养共识的观念和传播科学的营养知识，她们尝试以通俗易懂的方式来表达，以引起父母们的阅读兴趣。

她们是中国疾病预防控制中心营养与健康所孙静研究员、高洁博士以及北京市疾病预防控制中心的沙怡梅主任医师。我希望在此表达对她们的敬意。如果家长能从本书略收裨益，使宝宝健康而快乐成长，作者将无比欣慰。

本册付印之际，著审者有所忐忑，唯恐文出纰漏。务望读友不吝指正，从而改进。

霍军生

2017 年 5 月 24 日

谨以此书，
献给快乐健康成长的宝宝们

在这期间，

宝宝获取营养的方式会有 3 个大的转折，

这既是自然而然的过程，

也是翻天覆地的变化。

0 ~ 6 个月

摄入途径的变化，婴儿完成了从子宫内摄取营养到子宫外吸吮母乳（或代乳品）摄取营养的转折

7 ~ 12 个月

摄入食物种类变化，学习咀嚼食物，完成婴儿从完全母乳（或代乳品）摄取营养到从增加的辅食中获取营养，从液态食物逐渐到固态食物的过渡

13 ~ 24 个月

摄入食物方式变化，幼儿完成从被动喂养获取营养，到学习自己吃食物获得营养的过渡，也是养成良好饮食习惯的关键时期

目录
CONTENTS

第二篇 7~12 个月婴幼儿喂养——辅食添加

第三篇　13~24个月幼儿喂养

铁强化米粉

绿色蔬菜

肉

第一篇

0~6 个月
婴幼儿喂养——母乳

不知道现在捧着书看的您是爸爸妈妈还是爷爷奶奶，

不管是谁，都先要恭喜您，

从今天开始您就算全面升级了。

因为我的到来而让你们的人生进入了另一个阶段，

来，给你们自己鼓鼓掌！

如果我没猜错的话，现在的您肯定是一脸的幸福相，

先别急着美，从医院把我抱回来的时候，**跟医生要"使用**

说明书"了吗？

不过别担心，福利来了，妈妈再也不用担心把我"玩坏了"，

此刻您手上拿的这本《婴幼儿喂养手册》就是传说中我的使

用说明书。

这是一本实用性和时效性都非常强的书，有多强呢？

无须基础知识，不用提前预习，

这么说吧，从产房出来再开始看就行，刚好不耽误我的第一

口奶。

听说你们这些"80后""90"后的父母，

从小就没有阅读使用说明书的习惯，

喜欢自己钻研，比如把按钮都试一遍。

对此我很担忧，毕竟本宝宝连张保修卡都没有，

施行的是售后"三不包"政策，

不包修、不包退、不包换。

要知道我跟您以前自己鼓捣过的电器、

家具是完全不能相提并论的，

他们的功能是死的，可我是活的，

开发潜力无限，

使用得当的话，

可以解锁您想象不到的强大功能。

天使宝宝

总统宝宝

博士宝宝

反之，哼哼，

不是我吓唬您，

找麻烦，那我也是专业的。

开奶——婴幼儿喂养，从第一口奶开始

每一段结束都是一个新的开始，生孩子这个事真是对这句话最好的诠释。

怀孕的时候以为坚持 10 个月，生完就好了，

孩子生完了，以为再坚持一个月，出了月子就好了，

等出了月子，以为再坚持两年断奶就好了，

断了奶以为再坚持三年，孩子上了幼儿园就好了，

然后小学、中学、大学、结婚生子，

直到孩子的孩子再来一轮，"累觉不爱"的有没有。

所以说，想要后面养起来省点心，生命最初 1000 天打好基础特别重要。

理论上来说，

这是我"生命最初 1000 天"中的

第 281 ~ 461 天，

这个阶段我的主题词是"吃奶"，

是从被给予营养到主动获得营养的

第一个转折，

而您呢，在产房"卸货"完毕，

抓紧迎接作为一个母亲最光辉的时刻——哺乳。

 哺乳时间 —— 早接触 早吮吸 早开奶

关于什么时候开始哺乳，

曾一度有过一些不适当的提法和做法：

比如一生下来就喂水，您应该早就有所耳闻了，

"多喝点水"并不能解决所有问题，哪怕您喂的是糖水；

先喂几天奶粉也不是首选，

而把初乳挤出来扔掉简直就是暴殄天物了。

在此，我谨代表广大的新生儿郑重宣布：

第一时间，第一口奶，我们要！

吞了 9 个月的羊水了，

早盼着换换口味呢。

换口味啦！
吃母乳啦！

加上突然从水环境过渡到陆地环境，

还真是不习惯呢，

回是回不去了，那就让我离妈妈的心跳

更近一点吧。

有的妈妈在宝宝出生后并不是马上就有奶，

于是就等"奶"来，什么时候有了再喂，也真是醉了，

你们大人能等，我等不起啊。

而且你也低估了本宝宝的能力，

刚刚出生的我，也不是只会吃，其实我才是真正的"催乳师"。

产后什么时候泌乳的确因人而异，

而且跟胸部大小没什么关系。

我有朋友因为妈妈只有 A– 罩杯而

十分担忧将来口粮的问题，

在这里特别温馨提示：

"飞机场"妈妈们不用担心，您不仅能产奶，

而且还可能迎来您乳房的第二次发育……

分娩后没有马上产奶，可能是因为分娩

的信号还不够强烈，

不足以刺激乳汁的分泌，这时候就得本

宝宝亲自出马了，

得靠我的吸吮刺激一下乳汁的分泌。

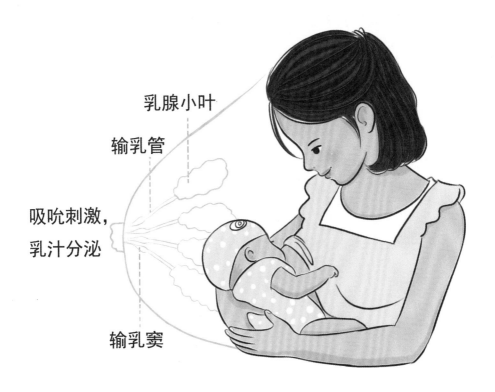

乳腺小叶

输乳管

吸吮刺激，
乳汁分泌

输乳窦

不用不好意思，把您没乳汁的乳头也只管

丢给我吧，

看我的"吸奶大法"。

另外，我也顺便练练吸吮，

早就听说吃奶是个力气活，我得先把腮帮子

活动开了。

专家说——哺乳"三早"原则

早接触

　　分娩后半小时以内，妈妈和宝宝最好就有皮肤上的接触，比如抚摸、怀抱等，而且接触时间不少于半小时。妈妈可将宝宝带在身边，保持母子肌肤相亲。

　　使妈妈在经过较长时间的待产、分娩后心理上得到安慰，也使初生的宝宝在皮肤接触时很快安静下来，这样不仅能够促进母婴情感上的紧密联系，也可以使新生儿的吸吮能力尽早形成。

早吸吮

在分娩后的头一个小时内，新生儿对哺乳或爱抚都很感兴趣，利用这段时间启动母乳喂养是再合适不过的了。

尽早地吸吮乳汁，这样会给宝宝留下一个很强的记忆，在以后就可以很好地进行吸吮。

由于尽早地让婴儿吸吮了乳头，可使母亲体内产生更多的催产素和泌乳素，前者增强子宫收缩，促进恶露排出，后者刺激乳腺泡，可提早使乳房充盈。

早开奶

　　婴儿早开奶可得到初乳，不仅满足营养需求，还能尽早建立免疫。

　　在分娩后的 7 天内，乳汁呈淡黄色，很黏稠，称为初乳。

　　初乳富含蛋白质和抗体，对婴儿十分珍贵。

　　孩子刚出生的第一口食物应该是母乳，而不是糖水或奶粉。

　　初乳中含有丰富的免疫活性物质，丰富的白细胞和抗体，能够帮助婴儿抵抗疾病感染；

　　初乳中的营养素比成熟乳要高得多，富含蛋白质、矿物质、维生素等；

　　初乳有通便的作用，可以清理新生儿的肠道和胎粪，有助于预防新生儿黄疸。

婴儿护养手册

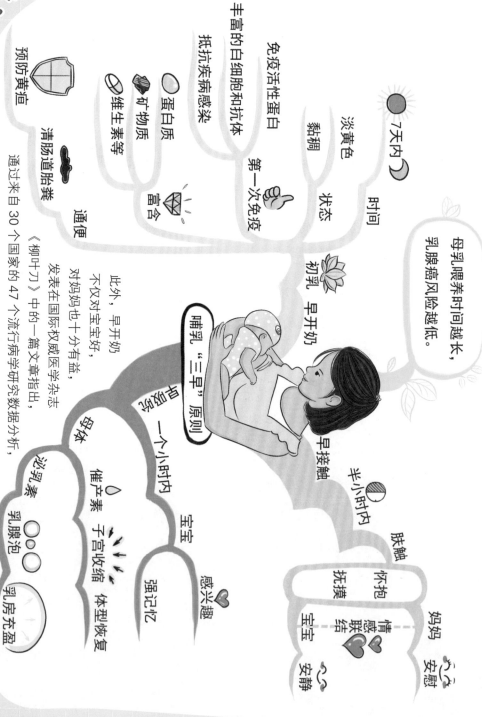

母乳喂养时间越长，乳腺癌风险越低。

初乳

7天内 — 时间

淡黄色 — 状态
黏稠

第一次免疫
免疫活性蛋白
抵抗疾病感染
丰富的白细胞和抗体

富含
蛋白质
矿物质
维生素等

通便
清肠道胎粪
预防黄疸

通过来自30个国家的47个流行病学研究数据分析，母乳喂养的时间越长，乳腺癌发病的风险越低。

哺乳"三早"原则

早开奶

此外，早开奶不仅对宝宝好，对妈妈也十分有益，发表在国际权威医学杂志《柳叶刀》中的一篇流行病学文章指出，

一个小时内
宝宝 — 感兴趣 — 强记忆
催产素 — 子宫收缩 — 体型恢复
泌乳素 — 乳腺泡 — 乳房充盈
载体

早接触

半小时内
肤触
怀抱
抚摸
妈妈 — 情感联结 — 安慰 — 安静
宝宝

哺乳姿势 ——胸贴胸 腹贴腹 下巴贴乳房

哺乳时间掌握了，打开姿势也有讲究。

刚出生的我软软的，小小的，虽然不需要妈妈特别的小心翼翼，不敢下手，但也要认真对待"吃饭"姿势这件事情，可不吗，您挑张饭桌子也得坐下来试试呢。

哺乳姿势的总体要领就是标题中的 11 个字：

胸贴胸，腹贴腹，下巴贴乳房。

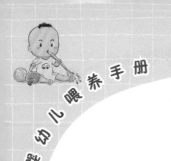

具体的分解动作是这样的：

首先是妈妈的姿势，

您可以坐着也可以侧卧，我都能接受，

您半夜懒得起床仰卧的姿势，我却真是醉了，

趴着吃奶搞得我整个人都不好了，脖子窝着根本咽不下去。

如果需要，您还得用 C 字手帮我托住乳房。

注意一定不要用剪刀手，

老妈您那个"噢耶"的姿势无论是照相还是欢呼，都已经

十分过时了，

每次看见我都觉得很没有面子。

专家说

哺乳，请用 C 字手

手心紧贴乳房下面的皮肤，食指托住乳房，

拇指在上，四指在下呈 C 字形，

注意不要离乳头太近留出宝宝吮吸的

位置。

然后是对于我的摆放问题，

虽然我已经是咱们家的一路诸侯，但短时间内还是

可以任您摆布的：

让我的头和身体呈一条直线，不要凹造型，

虽然有几张跟您的合影有几个造型确实很酷，

但偶尔摆摆还行，在吃奶这么严肃的时刻，一定要

注意姿势。

专家说

让宝宝正确地含接乳头

嘴巴张得大大的，

下唇向外翻，下颌碰到乳房，

嘴巴上方有更多的乳晕。

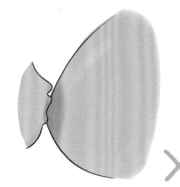

这样宝宝的吮吸才能更有力，而妈妈也不会感觉到疼痛。

我的身体要贴近妈妈，鼻子对着乳头，

让我有一种美味唾手可得的体验。

还有那句歌怎么唱来着，

"电话再甜美传真再安慰也不能应付不能拥抱你的遥远"，

一定要有肌肤之亲，让我贴近您的心跳，感受您的温度，

在一个充满安全感的环境下进餐；

另外，吃奶本身就挺累人的，

所以最好撑着点我的头和脖子，我可不想把体力浪费在吃

奶以外的事情上。

在我"奶足饭饱"之后呢，

不要马上把我放平，更不能扔着玩，

劳驾给我竖起来，当然是头朝上，轻轻地拍拍背，

有个奶嗝等着打出来呢，不然胃里有气儿一直顶着，

我使出吃奶的劲儿吃进去的奶就容易漾出来。

最后，在咱们摆好姿势以后，

还有十分重要的一点，"灵魂"的碰撞。

稍微有点武侠作品常识的人都知道，

武功的高低招式还是其次，最重要的是内功心法，

哺乳也是这个情况。

喂养是一种互动的行为。

它不仅决定着我的营养和成长，

更影响我们的母子感情。

在哺乳的时候，

眼神要多关注我。

没有眼神交流

精力分散

说深情凝望有点夸张了，

可最好也不要一直左顾右盼，

心不在焉。

您以为我闭着眼睛吃奶

什么都不知道，

其实您的一举一动

都能影响我那吹弹可破的玻璃心，

求关注！

爱心专注！

哺乳次数 ——我的节奏感

读到这儿，您应该已经至少完成了一次哺乳了吧，

您头一回喂，我也是头一回吃，都没什么经验，

肯定还有很多地方需要磨合，

别着急，慢慢来，会配合得越来越好的。

比如您打算多久喂我一次?

一天三顿肯定是不行,

最近几个月您就告别朝九晚五

一天三顿的生活吧,

您的生物钟暂时由我接管了,

我随时都会饿,想吃就得吃。

如果您非得寻找个规律的话,

那一天至少8次吧,

每次间隔1～3小时。

我就是属于少食多餐那种类型的，

因为刚出生的我胃只有您小时候玩的玻璃球那么大，

能装下的奶量只有 5 毫升左右。

如果 1 个盒装奶是 225 毫升，够我吃 45 次的，

一天喂 9 次的话，那就是 5 天。

所以这也是为什么说在纯母乳喂养的阶段不要给我喝水，

胃容量太小了，没有空地方留给水。

不过我的胃长得是很快的，出生第三天已经是乒乓球大小了，

第五天有鸡蛋那么大，自然不能真的每次都只吃 5 毫升。

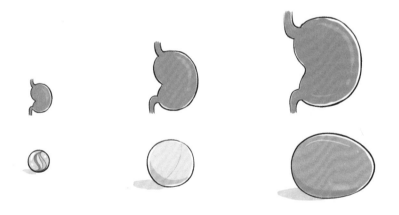

出生第一天的胃　　　出生第三天的胃　　　　出生第五天的胃

**专家说——坚持纯母乳喂养，
为妈妈点赞**

WHO 对纯母乳喂养的定义是婴儿除了母乳以外不会有任何其他食物或饮料，甚至是水。

母乳的营养成分

在每次喂奶当中，乳汁的成分也随之变化，一般将乳汁分为前奶和后奶。两者所含营养成分有所不同。

喂奶时，先吸出来的奶叫"前奶"。

前奶外观较稀薄，富含水分、蛋白质，婴儿吃了大量的前奶，就得到了所需要的水分和蛋白质。

纯母乳喂养的宝宝，在出生后 6 个月内一般不需要额外补充水。

前奶以后的乳汁，外观色白并比较浓稠，称为"后奶"。

后奶富含脂肪、乳糖和其他营养素。

能提供许多热量，使婴儿有饱腹感。

因此，哺乳时不要匆忙，切不可将开始的前乳挤掉，也不可未喂完一侧又换另一侧，应该允许婴儿尽量吃，既吃到前奶又吃到后奶，这样才能为婴儿提供全面的营养。

在出生0～6个月期间，足够量的母乳能够满足婴儿生长发育对营养的需求，并且宝宝消化能力比较弱，消化酶分泌不足，所以不应该也不需要添加任何其他辅食。

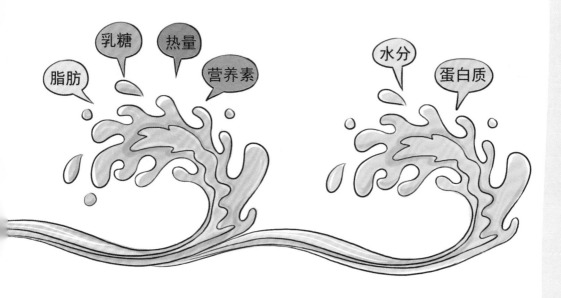

后乳　　　　　　　　　　　前乳

但是，有两种维生素是需要特别补充的，维生素 D 和维生素 K。

母乳中维生素 D 含量较低，家长应尽早抱婴儿到户外活动，适宜的阳光可促进维生素 D 的合成；也可适当补充富含维生素 D 的制剂，尤其在寒冷的北方冬春季和南方的梅雨季节，这种补充对预防维生素 D 缺乏尤为重要。

足月儿给予母乳喂养者，可于生后 1～2 周开始每日口服维生素 D 400IU（10 微克/天）；

人工喂养者，应首选适合 0～6 月龄婴儿的配方奶粉，国家食品安全标准规定婴幼儿配方奶粉必须添加适量的维生素 D。

母乳中维生素 K 含量也比较低，为了预防新生儿和 1 ~ 6 月龄婴儿因维生素 K 缺乏而出现相关的出血性疾病，应在专业人员的指导下注意及时补充维生素 K。

提示 　孕妇和乳母适当多食富含维生素 K 的食物，有助于胎儿及婴儿从母体及母乳中获得更多的维生素 K。绿叶蔬菜富含维生素 K，此外，富含维生素 K 的食物还有酸奶酪、紫花苜蓿、蛋黄、食用红花油、大豆油、鱼肝油、海藻类。

说到母乳的营养成分，我想顺便谈谈吃奶的一些体会。

有的妈妈可能会说孩子好像更喜欢奶粉，

那是宝宝没有及时体会到吃母乳的乐趣，

对于真正会吃的宝宝来说，

吃母乳才是真正的吃奶。

而且吃母乳，妈妈也不用手忙脚乱了。

我饿了，水刚烧好

我很饿啦，水倒进杯子

我困了，水在降温

要睡着了，

奶粉加进了奶瓶

睡着了，

奶粉冲泡好了

饿过劲儿，睡着了

又被叫醒的我呀！

现在只想哭！！

专家说

虽然配方奶粉的蛋白质含量可以根据宝宝的需求改变，但是蛋白质的质量不可能改变。

而母乳的成分是时刻都在动态变化着的，它以婴儿的营养需求为导向，不仅各种营养成分的含量有变化，质量也会发生变化。

更有甚者，前奶和后奶的味道也是不同的，到后奶阶段，味道会变淡，这样宝宝就不会因为吃过量而肥胖，婴幼儿时期的肥胖会对成人以后的身体健康状况造成不良影响。

不仅如此，婴儿可能会对动物乳汁中的蛋白产生不耐受，发生腹泻、腹痛、皮疹等症状。

最后，母乳中的很多成分还是未知的，以目前的技术，配方奶粉还不可能做到母乳那么完美。

对了，顺便说一下，

有的妈妈太小心了，

怕乳头不干净给我用酒精消毒，

这个真不用！

那股酒精味对我来说根本接受不了，

影响母乳口感不说，

还喝的我晕头转向。

所以，保持普通清洁就可以了。

专家说

近年来，人们逐渐认识到了肠道菌群组成对身体健康的重要作用。

通过对新生儿的研究发现，肠道菌群的建立发生在出生以后，对于顺产和母乳喂养的婴儿来说，出生一周之内肠道菌群就基本建立完毕：

第一天，以肠杆菌为代表的兼性厌氧菌出现。

第二天到第三天，专性厌氧菌滋生。

第四天到第七天，双歧杆菌成为优势菌。

在一周左右的时间内，大部分菌群演替平衡，到2岁时肠道菌群结构趋于稳定。

人们曾经以为母乳是无菌的，但最新研究表明，母乳中含有各种有益菌，比如双歧杆菌。

据科学推断，母亲的淋巴系统在接收到分娩的信号以后，就会将肠道中的有益菌转运到母乳中来，以便传递给婴儿，建立良好的肠道菌群结构。

母乳喂养为婴幼儿肠道菌群的建立和维护奠定了坚实的基础。

因此，妈妈在清洁乳头时不要用酒精等消毒方法，会影响母乳中有益菌向婴儿的传递。

母乳不够或者根本没有母乳，宝宝怎么办

长篇大论了一番纯母乳喂养的重要性和好处，

可不得不说确实有的妈妈因为一些不能克服的原因没办法

纯母乳喂养，

也不用觉得抱歉或难过，咱们尽可能地弥补，

在自己的基础上做到最好。

母乳不够就要找一些替代品，

首先声明，

普通液态奶、成人奶粉、蛋白粉、豆奶粉都不适合我们，

而米汤之类更是饥荒年代应急的办法。

或者根本就是剧情需要。

咱们这是科普读物，强调科学严谨。

很多小说桥段里的男一号女一号都是喝乱七八糟的奶长大的，

比如金庸小说里的郭襄喝的豹子奶，

迪士尼的人猿泰山喝的猩猩奶，

宫崎骏的幽灵公主喝狼奶，

并因此获得了超凡脱俗的动物本能。

不解风情地说，这也是非常不科学的，

动物乳汁中的菌群和蛋白质等成分，多半不会适合宝宝。

在母乳不够的情况下，我们需要的是专用的婴儿配方奶粉。

专家说

　　母乳不足时，首选适合于0~6月龄婴儿的配方食品（如婴儿配方奶粉）喂养。

　　婴儿配方食品是随着食品工业和营养学的发展而研发的，除了人乳外，最适合0~6月龄婴儿生长发育需要的食品。

　　人类通过不断对人乳成分、结构及功能等方面进行研究，以人乳为"蓝本"对动物乳成分进行改造，调整了营养成分的构成和含量，添加了婴儿必需的多种微量营养素，使产品的性能、成分及营养素含量更接近人乳。

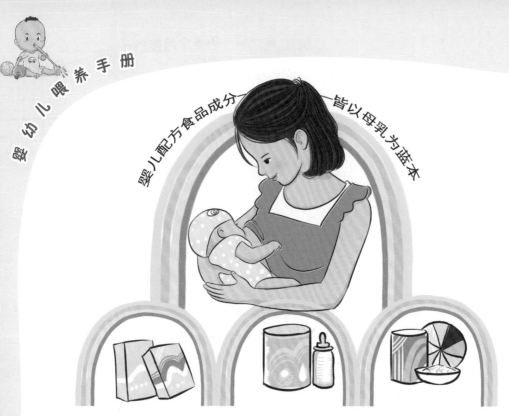

婴儿配方食品成分——皆以母乳为蓝本

1. 婴儿配方食品　　2. 较大婴儿和幼儿　　3. 特殊医学用途
　　　　　　　　　　　配方食品　　　　　　婴儿配方食品

提示

婴儿配方食品根据适用对象不同主要分为以下几类：

1. 婴儿配方食品：适用于0～12月龄婴儿使用，作为母乳替代品，其营养成分能满足0～6月龄正常婴儿的营养需要。

2. 较大婴儿和幼儿配方食品：适用于大于6月龄的婴儿和幼儿食用，作为他们混合食物中的组成部分。

3. 医学用途婴儿配方食品：适用于生理上有特殊需要或患有代谢性疾病的婴儿。例如，为早产儿、先天性代谢缺陷儿（如苯丙酮酸尿症）设计的配方食品，为乳糖不耐受儿设计的无乳糖配方食品，为预防和治疗牛乳过敏儿而设计的水解蛋白或其他不含牛乳蛋白的配方食品等。

喂养成果验收——定期监测生长发育状况

 婴儿生长发育状况评价

书读到这里，相信各位爸爸妈妈已经找到点为人父母的

感觉了，

我妈甚至都开始在妈妈群里指手画脚的传授经验了，

可惜我现在还不认字儿，也不知道有没有给我丢脸，

不过毕竟这本攻略在手，效果应该不错。

然而，光知道怎么喂还是不够的，

还得定期验收一下成果。

看看我长得怎么样，妈妈们总喜欢跟"别人家的

孩子"比：

高了，矮了，胖了，瘦了……

这个比法简直太弱了，

干脆放眼世界，跟全球的小朋友比比。

不是我公主（王子）病犯了，

这本攻略就能实现啊。

那么比什么呢?

比学历、比薪水、比对象为时尚早,

现在要比的是个头儿——身长和体重,

要隔三差五地量量,

哎呀,那这段是不是应该放前面写啊,

会不会有妈妈喂完 6 个月才看到这段呢,

特别是又处在"孕傻期",

很难说啊。

专家说

身长和体重是最直接的验收指标，简约而不简单。

体重是判断喂养好坏的重要指标，并能够有效反应宏量营养素的摄入情况；身长跟微量营养素也有比较一致的对应关系，但没有体重和宏量营养素这对搭档关系紧密。

另外，体重可以反映近期的营养状况，身长则可反映长期的营养状况。

而且这俩指标在家就能测量，不仅可以帮助父母更好地了解婴儿的生长发育速度是否正常，也可以及时提醒父母注意其喂养婴儿的方法是否正确。

婴儿身长体重测量方法

量体重

首先您得有一个合适的秤，

妈妈您的那个体重秤不行啦，

您老人家动不动就十斤八斤地长，

把我放上去指针根本没反应，

人家是论克长的，

要求精度很高的，最好能精确到 10 克，

而且是符合国标的。

这样我每天长几十克，一周长一百多克，

也都能量出生长趋势来。

此外，称重时间也很讲究，

要在每天的同一时间，同一状态进行，

比如饭前还是便后，纸尿裤满的还是新的，穿了什么、

戴了什么等，

我奶奶给我买的那个大金镯子就好几克呢吧，

如果不冷，我还蛮喜欢脱光了称的。

当然我有时候比较活跃，影响读数，

没办法，您只好等我安静下来再记录了，

毕竟我还小，听不懂你说什么。

量身长

通过"身长"而不是"身高"这个词您也

可以看出来，

这个时候我没办法站着或坐着，

所以只能躺着。

躺着量身长还是挺有技术含量的，基本

需要俩人配合，

不是咱俩，是您和另外一个人。

这时候如果您有个带挡板的"婴儿身长

测量仪"就最好了，

没有的话，可能需要更多人。

把我放平，一个人固定我的头，

让我脸朝上，两只耳朵在同一水平上，

另外一个人固定我的腿，

单手握住我两个膝盖，让双腿伸直，

另外一只手保持我的脚掌竖直，不要倾斜，

第三个人测量头顶到脚后跟的距离，精确到毫米。

如果人手还富余，

就哄哄我开心，帮着做做记录什么的。

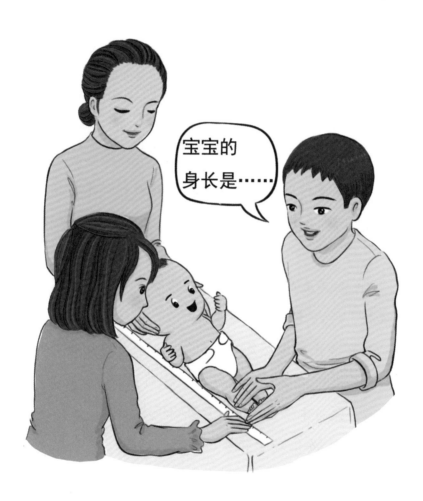

专家说

如果体重连续增长，说明喂养良好；如果持续下降，说明喂养不好，孩子没有吃饱。生病的情况除外。

0～1岁是人生体重翻倍的巅峰，前6个月增长尤其快，所以建议每周至少称一次，最好两三次。

身长增长规律也是一样，0～6个月平均每月增长2.5厘米，建议每周量一次。特别提示，5岁以内的孩子，身高体重受遗传因素影响很小，生长情况主要依赖于营养、运动、睡眠和卫生条件等。因此，这一时期全世界的宝宝可以使用一个参考标准。

婴儿生长发育状况评价指标

世界卫生组织调研了多个国家基于母乳喂养的健康婴儿，
他们接受了正规的预防接种，在能够保障婴儿健康的家庭
成长，母亲不吸烟。

在这样的前提下，
2006 年统计出了一套婴幼儿生长曲线，以供参考（见表
1-1 和表 1-2）。

当您拿我跟"别人家的孩子"比的时候，
要对自己说，每个宝宝都是独一无二的；

当您闭门造车，盲目自信的时候，
要提醒自己放眼世界卫生组织的参考值。

表 1–1　0~6 个月男宝宝体重身长参考值

月龄	男宝体重（千克）			男宝身长（厘米）		
	中位数	−2SD	+2SD	中位数	−2SD	+2SD
0	3.3	2.5	4.4	49.9	46.1	53.7
1	4.5	3.4	5.8	54.7	50.8	58.6
2	5.6	4.3	7.1	58.4	54.4	62.4
3	6.4	5.0	8.0	61.4	57.3	65.5
4	7.0	5.6	8.7	63.9	59.7	68.0
5	7.5	6.0	9.3	65.9	61.7	70.1
6	7.9	6.4	9.8	67.6	63.3	71.9

表 1-2　0~6 个月女宝宝体重身长参考值

月龄	女宝体重（千克）			女宝身长（厘米）		
	中位数	−2SD	+2SD	中位数	−2SD	+2SD
0	3.2	2.4	4.2	49.1	45.4	52.9
1	4.2	3.2	5.5	53.7	49.8	57.6
2	5.1	3.9	6.6	57.1	53.0	61.1
3	5.8	4.5	7.5	59.8	55.6	64.0
4	6.4	5.0	8.2	62.1	57.8	66.4
5	6.9	5.4	8.8	64.0	59.6	68.5
6	7.3	5.7	9.3	65.7	61.2	70.3

数值位于 −2SD 到 +2SD 之间，

就算是正常范围。

用比较直观的曲线图表示

就是这样的，见图 1-1~ 图 1-4。

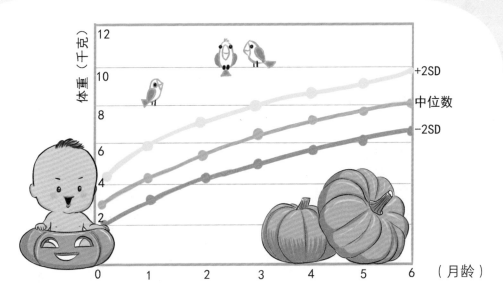

图 1-1　0~6 个月男宝宝体重参考值

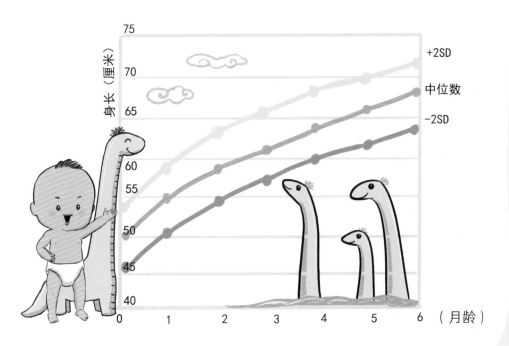

图 1-2　0~6 个月男宝宝身长参考值

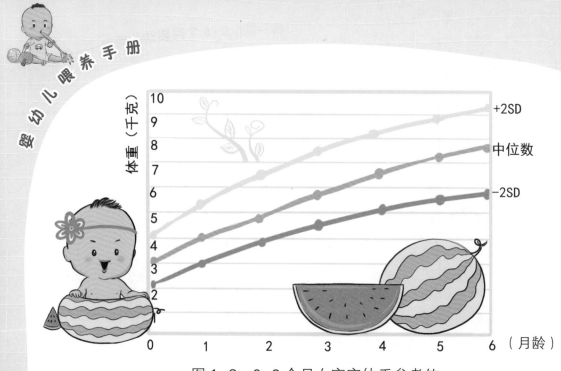

图 1-3　0~6 个月女宝宝体重参考值

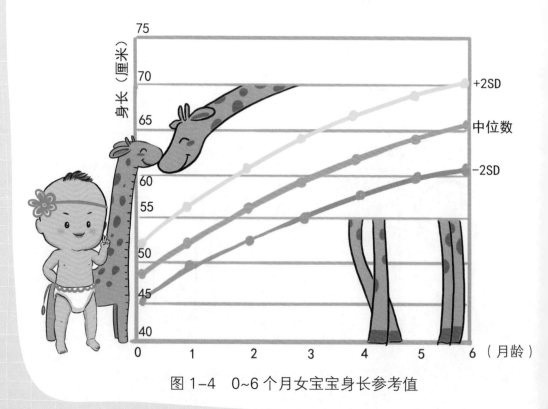

图 1-4　0~6 个月女宝宝身长参考值

拿根笔，把您每次测量的，

宝宝在不同月龄相应的体重和身长值标在图上并连线，

看看您家宝宝的生长曲线是什么样子的。

在绿线和红线之间徘徊的，说明您喂得不错。

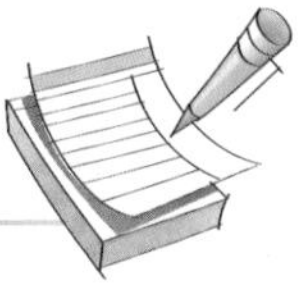

快来记录下宝宝这段时间

成长、喂养心得吧！

第二篇

7~12 个月
婴幼儿喂养——辅食添加

这是我"生命最初 1000 天"中的第 462 ~ 641 天，

这个阶段我的主题词是"辅食"，

是我从纯液态食物过渡到固体食物的第二个转折。

从今以后，我将不用再每天都只能喝个水儿饱了；

而对于您来说，也是获得新技能的时候了。

让我们携手并进向着"吃货"

的道路出发！

7~12个月婴儿发育特点

现在，我已经半岁了，

是不是长得越来越可爱了，

跟刚出生那会儿皱皱巴巴的我简直判若两人。

而且还掌握了坐的技能，

快拿镜子来让我照照，

看我这新长出来的小乳牙，白不?

在接下来的 6 个月里，

我将迎来技能爆发的阶段，

爬、走，认、听、说。

当我满一岁的时候，

身长会增加 25 厘米左右，

而体重将是出生体重的 3 倍，

不出意外的话，

今后的日子里，我的体重再也不会达到

每年增长 2 倍的速度了。

这个阶段我最活跃的技能是语言能力，

运气好的话，

您很快就会听到我叫爸爸、妈妈了，

慢慢地扩展到其他简单的词汇。

我的听和理解能力也大大提高，能听懂您的意思，

也就意味着从现在开始，

我就得听您说"不要这样""不要那样"，直到永远了，

看到我"生无可恋"的表情了吗？

是的，我的情绪和面部表情越来越丰富，

跟外界的互动越来越多。

这一切都仰仗良好的营养，

但遗憾的是，

我的胃容量依然比较小而自身的储备又不多了，

所以这一阶段对食物的要求很高，

那就拜托您啦！

专家说

　　婴儿在出生前从母体获得的营养素会有一些储备，6 个月前母乳完全可以满足婴儿的营养需求。

　　婴儿在 6 个月时胃容量约为 200 毫升，1 岁时达 300 ～ 500 毫升。

　　但胃贲门（食物进口）的括约肌弱，幽门（食物出口）的肌肉较紧张，这也是宝宝在吸饱奶后容易吐奶的原因。

　　婴儿时期的各种消化酶，比如唾液淀粉酶、胃蛋白酶、胰脂酶等分泌不足，因此消化能力较弱，添加的辅食要格外精心准备。

　　但随着生长的需求，到 6 个月以后，母乳就不能完全满足生长发育需求了，所以开始添加辅食。

7~12 个月婴儿营养特点

这个时期我需要的营养，

打个不太恰当的比方，就是麻雀虽小五脏俱全，

不仅全，量还大。

成年人需要的营养素我都需要，

不管是宏量营养素的蛋白质、脂肪和碳水化合物，

还是微量营养素的维生素和矿物质。

而且因为我代谢旺盛，长速快，

如果按照每单位体重来算营养需求量，

那我是远远高于你们成年人的。

比如，

在 12 个月这个阶段，

我的体重大概 9 千克上下，每天需要铁 0.8 ~ 1 毫克；

一个体重 60 千克的成年男子，

每天需要铁也才 1.2 毫克。

而我想说的是，

一个成年男子一天能吃下去多少东西？

可我的胃才能装多少东西？

我的饭量和我对营养的需求，很矛盾，

而这个矛盾得用特别的方法——

高营养密度的辅食来解决。

营养需求 ——蛋白质

在我的整个婴幼儿时期，

50% 的膳食蛋白质用于

机体的生长发育，

摄入不足，我就发育不好。

按照每千克体重算，

需要量大于成人，

而且年龄越小，需要量越大。

如果您家是母乳喂养，那每天每千克体重需要 2 克，

如果是配方奶粉喂养的，每天每千克体重需要 3.5 克，

大豆或谷物蛋白喂养的，每天每千克体重需要 4 克，

而且得是优质蛋白，

什么叫优质蛋白，

就是氨基酸组成接近人体蛋白氨基酸组成的蛋白，

太拗口了，

我语言还没完全发育好，都念不下来，

您只要知道肉、蛋、奶、大豆都是优质蛋白的来源就行了。

除了人体自身无法合成的，

必须从食物中获取的 8 种必需氨基酸之外，

身为一个婴儿，

我还需要通过食物摄取

组氨酸、半胱氨酸、酪氨酸和牛磺酸。

专家说

这个表注明了常见食物中蛋白质的含量，可以在制作辅食的时候参考，因为营养过剩也是营养不良。

15%~20% 猪牛羊肉
10%~20% 鸡鸭鹅肉
15%~20% 鱼虾
12%~14% 蛋类
3%~3.5% 奶类
动物蛋白

植物蛋白
小麦玉米水稻 6%~10%
薯类 1%~2%
蔬菜 <3%
豆类 20%~24%
大豆 40%

注：数据来源为《中国食物成分表》第 2 版

营养需求 ——脂肪

需要量上跟蛋白质一样，

按每千克体重算的话，大于成人。

脂肪的摄入呢，通常不按重量算，而是按供能比，

就是您每天摄入的脂肪能提供您每天需要卡路里的百分比，

我举个例子您马上就明白了：

比如我现在每天需要 640 千卡路里，其中由脂肪提供 40% 是比较合适的。

那就是

640×40%=256（千卡路里）

已知，1 克脂肪可以产生 9 千卡路里，那么

我每天需要的脂肪就是

256÷9 ≈ 28.4（克）

注：数据来源为《中国居民膳食指南 2016》

那么怎么知道我每天需要多少能量（卡路里）呢?

用这个公式:

7~12 月龄宝宝每天需要的能量是 80 千卡路里 / 千克体重

所以:

80 × 体重（千克）= 每天需要的能量

这一节比较"烧脑",

营养跟不上的话,

肯定整不明白啊。

拿个纸笔，妈妈算算看，

说实话，妈妈您多久没做过填空和算术了，

实在算不清楚看我爸能不能算吧。

已知 7 ~ 12 个月的宝宝比较合适的脂肪供能比是

35% ~ 40%，

宝宝现在的体重是 ＿＿＿千克，

每天需要的能量是：

宝宝体重（千克）×80 千卡路里 ＝ ＿＿＿千卡路里，

所以，此时由脂肪提供的热量是 ＿＿＿千卡路里，

已知，1 克脂肪可以产生 9 千卡路里。

可得，每天需要摄入的脂肪是 ＿＿＿克。

专家说

掌握了上面的计算方法，再加上下面表格中的数据，就可以换算成食物的重量了。

如果能量长期摄入不足，将导致婴儿生长迟缓或停滞；

而能量摄入过剩，会导致肥胖，根据婴幼儿的生长发育状况，可判断能量供给量是否适宜。

动物性脂肪		植物性脂肪	
名称	脂肪含量	名称	脂肪含量
猪、牛、羊肉	88% ~ 100%	各种烹调用油	99% ~ 100%

注：数据来源为《中国食物成分表》第 2 版

营养需求 ——碳水化合物

通俗来讲，碳水合化物就是主食和糖，

摄入量算法跟脂肪一样，也是按照供能比来计算。

再算个碳水化合物的吧，顺便复习一下计算方法。

已知 7 ～ 12 个月的宝宝碳水化合物的供能比是 40%，

宝宝现在的体重是 ＿＿千克，

每天需要的能量是：

宝宝体重（千克）×80 千卡路里 = ＿＿千卡路里，

所以，此时由碳水化合物提供的热量是 ＿＿千卡路里，

已知，1 克碳水化合物可以产生 4 千卡路里。

可得，每天需要摄入的碳水化合物是 ＿＿克。

专家说

　　掌握了上面的计算方法，再加上下面食物"颁奖台"中的数据（图2-1），就可以换算成食物的重量了。

　　6个月以内的婴儿体内缺乏淀粉酶，不易消化碳水化合物，所以一定在6个月以后添加，而且不宜太多，因为富含碳水化合物的食物占据胃中的体积较大，降低了食物的营养密度及总能量的摄入。

婴幼儿喂养手册

图 2-1　常见食物碳水化合物含量

注：数据来源为《中国食物成分表》第 2 版

营养需求——维生素和矿物质

我需要的维生素有：

维生素 A、维生素 D、维生素 E、维生素 K、维生素 B_1、

维生素 B_2、维生素 B_{12}、维生素 C、泛酸、叶酸、烟酸、

生物素、胆碱等。

我需要的矿物质有：

钙、磷、钾、钠、镁、硫、氯、铁、碘、锌、硒、铜、氟、

锰、钼、铬等。

我没猜错的话，有几个字您都不大认识吧，

没关系，念半边得了。

说多了也记不住，咱们就挑几个有代表性的说说。

钙和维生素 D

这对搭档一定得一块儿说，

如果钙是逗哏的，

维生素 D 就是捧哏，

甚至三分逗七分捧放在这用

也没有什么不妥。

很长时间人们以为 X 形腿和 O 形腿是缺钙导致的，

后来才发现，是缺维生素 D。

一说钙，肯定是跟骨骼和牙齿有关系，

如果我出牙晚，

那你就可以考虑我是不是缺钙了。

钙是形成骨骼和牙齿的重要成分，

反过来，骨骼和牙齿也是钙的"仓库"，

当血液中的钙浓度低时，

身体就会从仓库中"提货"。

那你说我再赶紧"补充库存"不就行了，

这个基本上很难，最多也就能让情况不恶化，

却不能恢复。

所以说，在我生长的如此关键时期，

一定不能缺钙。

只有钙是不行的，还有捧哏的维生素 D 呢，

维生素 D 的发现是人们与佝偻病抗争的结果。

维生素 D 能帮助新骨骼的生成和钙化，

促进婴幼儿骨骼成长。

遗憾的是食物中维生素 D 含量十分有限，连母乳都

不例外，

这也是为什么新生儿从出生 1~2 周开始就要补充

维生素 D。

但有一个好消息，

人体能够通过晒太阳自己合成维生素 D。

可还有一个坏消息，

现代人晒太阳的时间越来越少了，

所以说还是得补。

维生素 A

这个对我的视力非常重要，

如果把眼睛看成照相机的话，维生素 A 就是底片的组成成分，

底片不好，成像自然会很差，特别是晚上。

便宜的相机晚上拍照效果特别不好，

缺了维生素 A 的眼睛，就成了廉价相机，晚上眼神不好。

你可能想说，到了晚上，谁的眼神都不好，

不是这么回事，当光线突然变暗的时候，有的人很快就适应了，

有的人就调节不好，就是维生素 A 的问题，

医学上叫夜盲症。

你可别说你是数码相机不需要底片啊，毕竟你又不是"充电"的。

除了视力，

维生素 A 还有提升颜值的重要作用，

摄入不足时皮肤就会干干的，

糙糙的，长疙瘩，

甚至连指甲和头发也会没有光泽。

一个眼睛，

一个脸面，

维生素 A，您值得拥有。

专家说

7 ~ 12 个月的婴幼儿维生素 A 推荐摄入量为每天 350 微克，母乳中含有较丰富的维生素 A，母乳喂养的婴儿一般不需额外补充。

牛乳中的维生素 A 仅为母乳含量的一半，用牛乳喂养的婴儿需要每天额外补充 150 ~ 200 微克维生素 A。

除了维生素 A 补充片剂，还能从食物中摄取。动物肝脏中富含维生素 A，肝泥是不错的选择。植物性食物中虽然没有维生素 A，但类胡萝卜素在体内可以部分转化为维生素 A，所以富含类胡萝卜素的植物性食物也可以间接补充维生素 A，比如南瓜、胡萝卜、荠菜、菠菜、西红柿、杜果、橘子等。

注：数据来源为《中国居民膳食指南 2016》

铁

前文说我的营养特点，

举的例子就是铁，

我对铁的需求量简直跟一个成年男人差不多，

每天 0.8 ～ 1.0 毫克，

缺铁会导致贫血。

母乳里的铁其实是远远不够的，

前 6 个月不用额外补充的原因是，我来的时候自己

带了一些，

不多不少，刚好够我前 6 个月用的。

从哪儿带来的铁呢，嘿嘿，

说起来怪不好意思的，

从我妈那儿呗，

所以很多妈妈产后容易贫血，也要注意补铁哦。

顺便也给妈妈科普一下，

用铁锅炒菜补铁并没有什么用，

那些微小的铁屑是铁单质，

而人体更容易吸收的是铁离子，所以铁锅可不是解

决办法。

这就像信用卡一样，你办的卡再多，

不激活是消费不了的，铁锅就是没有激活的铁，

你想刷卡，就得刷激活过的，你想补铁，就得用离

子铁。

原来我的铁是未激活的铁，
对补铁没什么作用啊！

缺铁除了导致贫血、面色苍白、头晕，

对于我们小孩子来说

还会导致智力下降，

注意力不集中，

记忆力和认知能力差等。

以后社会竞争越来越激烈，

拼的就是智商和情商，

而现在正是我大脑飞速发育的时候，

可不敢缺铁。

专家说

出生第1年内，婴儿每增加1千克体重需要铁35~45毫克。

足月新生儿体内总铁量250~300毫克（75毫克/千克），而最初2个月，小儿每天经胆汁、尿、汗液、脱落细胞以及皮肤脱屑排泄出的铁相对较多，每天约1毫克。

6个月后如果不及时补铁，容易发生铁耗竭。

母乳含铁量为0.2~0.3毫克/升，产后1个月内母亲乳汁分泌每日约500毫升，至3个月后每日泌乳量增加到750~850毫升，单纯母乳中铁吸收率为50%，不能提供足量的铁。

动物内脏、血、瘦肉等不仅含铁丰富，而且容易吸收，芝麻、各种豆类、干果也是不错的铁的来源。

此外，补铁同时增加维生素C的摄入，可以促进铁的吸收。

婴幼儿喂养手册

不同月龄和喂养方式下
每天的补铁量

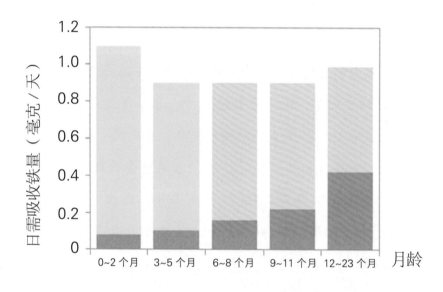

图 2-2 婴幼儿铁需求示意

摘自 Complementary Feeding, WHO, 2000

锌

妈妈您有没有听说过"异食癖",

前方"重口味"高能预警哦。

这些特立独行的食客绝对是"吃货"中的奇葩,

他们吃砖头、吃肥皂、吃土、

吃铅笔头、吃纸,甚至吃玻璃。

是不是觉得画风有点不太对了,

这种简直像小道消息一样的传闻

貌似不应该出现在我们的科普读物上,

放心,我们是严谨的。

"异食癖"是有科学根据的，

一部分是心理原因，还有一部分，

是因为缺锌。

锌能够帮助维持正常的味觉和食欲。

好险啊，多亏我提前知道了，

妈妈，您可千万别让我缺了锌啊，

咱们在"吃货"的道路上走多远都没问题，

可别跑偏。

缺锌导致异食癖

专家说

　　锌能够调节细胞生长分化、参与免疫调节、促进生长发育。

　　7 ~ 12 个月婴儿每天锌的推荐摄入量为 3.5 毫克。

　　其中 80% 以上，也就是至少 2.8 毫克，应该从辅食中获得。

　　贝类海产品、红肉、干果、动物内脏等是锌的优质来源。

　　动物脂肪、植物油、水果、蔬菜、糖、饮料以及精细加工的粮食中锌含量较低。

　　详细的营养素缺乏症状见表 2-1。

　　注：数据来源为《中国居民膳食指南 2016》

我跟专家一唱一和地说了半天，

也不知道各位家长们掌握了没有，

我再受累帮你们总结个表吧，

一目了然。

别问我怎么知道的，

我在妇幼系统有朋友，

毕竟从娘胎里就开始

跟他们打交道了。

表 2-1 各种营养素缺乏症状一览

营养素	缺乏症状
铁	铁缺乏的后果与其严重程度有关，从轻到重包括，易疲劳、虚弱、对感染更敏感、延缓认知发育并降低儿童学习能力等。发生缺铁性贫血
锌	生长迟缓，影响智力发育，免疫功能降低易发生腹泻等感染
钙	出牙晚，如果在骨的形成阶段发生钙缺乏，遗传决定的峰值骨量将难以达到，从而增加以后生命过程中发生骨质疏松的风险
维生素 A	夜盲症、干眼病；易感呼吸道、消化道传染病；皮干、粗糙、呈鳞状；易疲劳；发育迟缓；牙齿有缺陷，牙龈发育迟缓
维生素 D	早期：多汗、易激惹、夜惊。活动期：颅骨软化、方颅、手（足）镯、肋骨串珠、肋软骨沟、鸡胸、O 形腿、X 形腿等。骨骼的改变是不可逆的
维生素 B_1（硫胺素）	脚气病，这个跟我们常说脚上起泡、痒痒的"脚气"完全没有关系。脚气病是神经疾病，症状是肌肉萎缩、双腿无力、神经损伤、心力衰竭，乃至死亡。"脚气"是真菌引起的脚部感染
维生素 B_2（核黄素）	肤痒、眼干充血；嘴唇干裂；口角炎；发育迟缓
维生素 B_{12}	恶性贫血，食欲不振，发育停滞，疲倦，大脑受损，神经损伤
叶酸	巨幼红细胞性贫血、胃肠道紊乱、神经管畸形

保障营养需求、完成发育任务的有效途径
——母乳/配方粉＋辅食

在辅食之前，我再强调一下母乳的重要性，

对于婴儿来讲，母乳永远是最好的。

0～28天是新生儿，1岁以内叫婴儿，1～3岁是幼儿，

我现在就是婴儿，母乳是我的最爱。

所谓辅食，就是辅助母乳的。

所以在吃辅食之前，

请保证我每天已经吃够了600～800毫升的母乳（没

有母乳的用配方奶粉代替），之后再谈辅食。

那如果母乳有的是，足以管饱，

是不是就可以省去辅食这一步了呢?

绝对不行，前文的长篇大论说的就是母乳再多也满足不了我

的营养需求了，当然并不是母乳不好了，而是我要的太多了。

我可不想顶着个大脑袋、拖着 X 形腿、头发稀疏、面色苍白，

目光呆滞地到处捡砖头吃。

我一直都很乐于并擅长用舌头感受这个全新的世界，

手指头脚趾头玩具我都尝过了，不是咬不动，就是咽不下去，

是时候来点新鲜的了，

我现在需要的是营养密度比较大的食物，

一个是拓展我的营养谱，再一个也有助于我探索不一样的新

世界。

专家说

　　营养密度，能量与营养素的含量，是指食品中以单位热量为基础所含重要营养素（维生素、矿物质和蛋白质）的浓度。

　　比如奶和瘦肉，每千卡提供的营养素较多，所以叫高营养密度食物；

　　而像糖、肥肉等热量高而营养素含量少，属于低营养密度食物。

高营养密度食物

瘦肉　　牛奶

低营养密度食物

肥肉

糖

　　婴幼儿因为胃容量小而需要的营养素相对较多，很容易发生营养不良，特别是在贫困地区。

　　因此，国家免费发放高营养密度辅食营养补充品——婴幼儿辅食营养包，科学监测发现，此种方法非常有效地改善了贫困地区婴幼儿营养不良的状况。

　　到6个月后，母乳提供的营养，包括能量、蛋白质、维生素和其他微量营养素，已经不能完全满足婴儿生长发育对营养的需要。

　　适时添加辅食，对婴幼儿逐渐适应不同的食物，促进味觉发育，锻炼口腔肌肉和舌头运动，锻炼咀嚼、吞咽、消化功能，培养儿童良好的饮食习惯，避免挑食、偏食等都有重要意义。

　　适时添加多样化的食物，能帮助婴幼儿顺利实现从哺乳到家常饮食的过渡。

　　此外，喂养方式的变化过程是婴幼儿心理和行为发育的重要过程。喂食或帮助孩子自己吃饭，以及与家人同桌吃饭等过程不仅可促进小儿精细动作和协调能力的发育，还有利于亲子关系的建立和孩子情感、认知、语言和交流能力的发育。

 添加辅食的时机和原则

除了月龄,

我还发出了很多信号提醒妈妈该加辅食啦,

遗憾的是对于我们婴儿使用的全新语种,很多妈妈

听不懂,只好麻烦我给您老人家翻译一下了。

比如:当我的体重到了 6.5 ~ 7 千克,并且增长不

良了,增长参考值请见本篇文末"喂养成果验收"

中的表格;

当有非液体食物到嘴边时,不会再像前 6 个月似的,

傻乎乎往上往前伸舌头;

当我看到碗里的食物,已经开始流口水啦,哎,

颜面何存哪;

而当这些反应还都没有提醒到您的时候，

那就不好意思了，

我只好开哭了。

在两次吃奶之间哭，以示抗议，

这么简单粗暴的方式，

您总该注意到了吧。

理论归理论，

真正实践起来还得根据情况灵活掌握，

既不能太早，也不能太晚，满 6 个月正好。

专家说

辅食添加原则：及时、足够、安全、适当。

太早添加辅食，前面说过一些了，再说一遍，重要的事情说三遍呢。

在前6个月，没有什么食物比母乳更好，而我的胃容量有限，所以要把有限的胃容量用在无限美好的母乳上，否则，营养摄入不够还容易患病，哮喘啦，过敏啦。

这是对我而言，对妈妈而言呢还有个"羞羞"的作用，哺乳会抑制排卵，降低再次怀孕的风险，虽然二孩已经放开了，但太频繁地生孩子是很需要体力的，母亲大人保重凤体啊。

辅食应该提供充足的营养素，以满足婴儿需求。

充足

母乳喂养不能满足婴儿需要时，就及时添加辅食。

及时

保证清洁卫生，同时不用奶瓶和奶嘴喂食。

安全

合理提供食物，符合孩子年龄要求。

适当

太晚添加辅食也不行，

营养不够，发育缓慢，

甚至造成生理或智力上不可逆的损伤。

不过既然你看到了本攻略，

肯定没问题了，

我就叫您带娃高手吧，妈妈加油！

 辅食的种类和添加步骤——吃什么

经常见你们大人为下一顿吃什么而发愁，

以前我是没选择，吃奶就够了。

现在我也要加入你们这个大行列了，

妈妈，辅食吃什么？

短时间内，我吃什么，是有规律的，

也是一定要遵循的规律。

首先，辅食要一样一样地添加，

不能第一天吃辅食就让我尝遍了满汉全席，这不科学。

而且同一种食物至少给我 5 天的适应时间，

以便保护我那娇弱的胃肠道，一周以后上新。

上新太快负担过重，我容易胃肠道不适。

比如像这样：

这周铁强化米粉，下周绿色蔬菜，下下周就再来点肉肉。

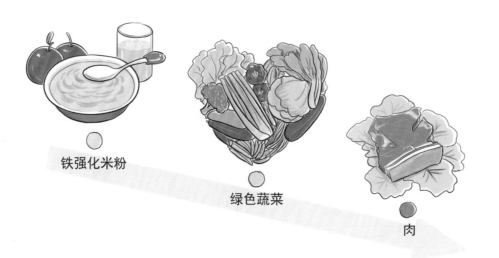

铁强化米粉

绿色蔬菜

肉

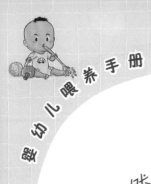

然后是按照月龄顺序，

辅食的状态要从稠到干。

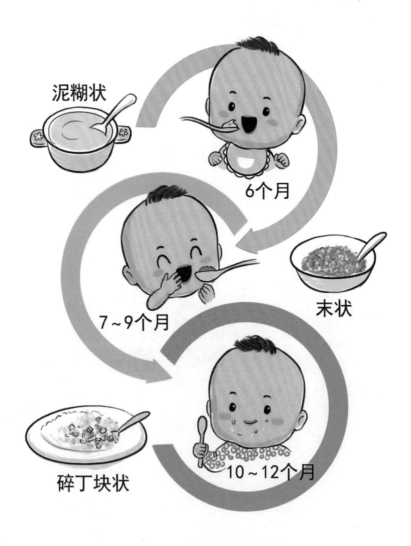

泥糊状

6个月

7~9个月

末状

碎丁块状

10~12个月

每天给我辅食的量和次数也要循序渐进地增加，

因为前面已经提到过，

我的胃容量正在以"迅猛"之势增加呢。

开始的时候，一勺两勺地给我，慢慢地到一餐的量，也就是半小碗，125 毫升左右，那种小杯的酸奶就是 125 毫升。

6个月

7~9个月

现在每天增加到 2 餐，比如上午 125 毫升，下午 125 毫升。注意结合上图中食物形态的变化，现在是末状啦。

10~12个月

吼吼吼，我吃得越来越多啦。现在每顿 3/4 碗，碎丁块状，就是那种小杯酸奶一杯半的量，并且每天很正式地吃三顿。完了三顿之间还得加餐 2 次，每天5 顿饭。

最后，还有非常重要的一点是

添加顺序，

不能以你们大人的喜好或习惯为准哦，

要站在我的角度上选择，

我需要的添加顺序是：

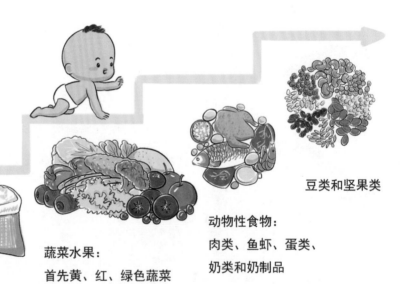

谷类：
面粉、米、薯类

蔬菜水果：
首先黄、红、绿色蔬菜
和水果，然后其他蔬菜水果

动物性食物：
肉类、鱼虾、蛋类、
奶类和奶制品

豆类和坚果类

其中鸡蛋的添加，要从蛋黄开始，

我对蛋白那部分消化力很弱的。

蛋黄添加的节奏是：

每天 1/4 个蛋黄，吃上一周，

每天 2/4 个蛋黄，吃上一周，

每天 3/4 个蛋黄，吃上一周，

完整的蛋黄吃上一周，

然后就能吃全蛋啦。

耗时整整一个月我才能过渡到吃全蛋，要沉住气。

当然，每一大类中选几种有代表性的给我慢慢适应就

可以了，

不可能全部尝试一遍的，

不然谷类还没尝完呢，我都该上小学了。

比如我已经习惯了一种谷类，这时候一个星期过去了；

接着就给我来种蔬菜，再用一个星期，而此时，前面

已经适应了的谷类可以同时吃着；

第三个星期，无论如何得开始吃蛋了，

就按照上一页的方法。

接下来，就该换动物性的食物了，

也是每种适应一个星期。

整个适应过程完成以后，我就算"打通了任督二脉"，

此时就不必再拘泥于一招一式了，对于全新的"招式"

也可以触类旁通，

以后的辅食就可以随心配啦。

晚上就来个果蔬拼盘当前菜，

主菜做中式蛋黄肉丸配牛奶蘑菇浓汤，

饭后甜点就铁强化米粉，

不要盐和调味料，谢谢。

啊呜！我们是调味料！！

是的，你没听错，不放盐，

也不要任何调味品。

大人们可能觉得做菜不放盐，

多好的美味都黯然失色，

可对于我来说是另有一番解释的。

专家说

不提倡给婴儿的辅食中加盐或其他调味品，否则会加重婴儿的口味和肾的负担，"重口味"是增加很多潜在疾病发生风险的重要原因之一。

不提倡给婴儿喝菜水。瓶装饮料根本不在考虑范围之内。菜水即使真是蔬菜榨的，也是营养密度低的食物，简单地说，就是浪费胃，浪费婴儿宝贵的胃容量。当婴儿口渴时，最好喝白开水，特别是非母乳喂养的婴儿更要注意补充水分。

不提倡给婴幼儿吃汤泡饭，跟果蔬汁一个道理。

不提倡给婴幼儿吃糖或者蜂蜜，糖或者蜂蜜能量高，营养素种类和含量少。

 辅食的制作——给我开小灶

这段内容跟科普比起来，更像菜谱，

7～12个月婴儿的辅食菜谱。

也不知道我这个妈是不是能为我洗手做羹汤，

我应该比我爸面子大吧。

我吃的辅食一定是开小灶精心制作的，

而不是在你们大人的饭菜中挑出一些嚼嚼给我吃。

不要嚼，不要嚼，不要嚼，重要的事情说三遍。

白娘子年轻的时候偷吃法海的仙丹跟法海怎么说的来着:

吃进去还能吐出来吗？多脏啊。

曾经一度有种错误说法认为这样可以给我带入一些菌群

和一些免疫力，所以提倡嚼。

可我想说的是，建立菌群和免疫力的方法那么多，

为何偏偏你要选择这么恶心的一个啊，

增加有害菌传播的风险不说，

您知道当您从嘴里吐出来强硬地往我嘴里塞的时候，

我的内心其实是崩溃的吗？

在制作方法、营养、美味之前，

首先要保证的是卫生和安全。

刚刚过渡到辅食的我，

本来就对新鲜事物不适应，

所以更得注意卫生。

专家说

辅食添加过程，要保证原材料安全、制作过程安全、储存过程安全、再食用过程安全。

不带入致病菌，也不能刻意逃避正常菌。

各种聚餐

尽量不参加

生产日期
生产许可证
生产厂名称
"三无"的包装食品

原材料安全

不食用

病死的动物食品

过保质期食品

不购买

"三无"的包装食品

不符合保存
条件的食品

未经消毒处理
的食物

临时性摊贩的食品

制作过程安全

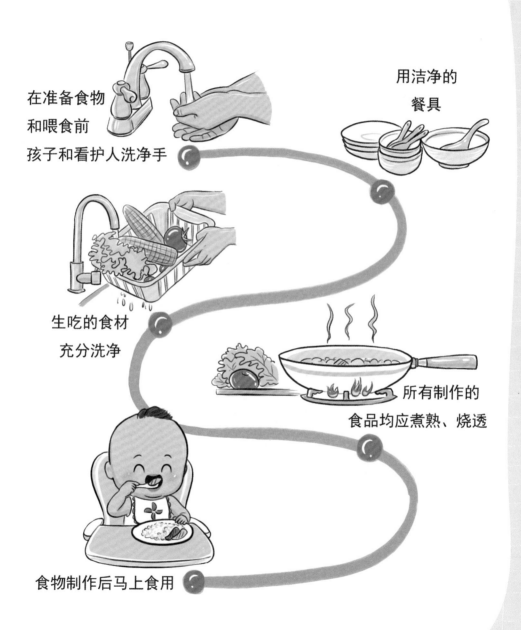

在准备食物
和喂食前
孩子和看护人洗净手

用洁净的
餐具

生吃的食材
充分洗净

所有制作的
食品均应煮熟、烧透

食物制作后马上食用

存储过程安全

保证食物（无论生熟）远离携带病菌的苍蝇和昆虫

避免食物放置的时间过长，尤其是在室温下

应将食物放入冰箱以减缓细菌的繁殖速度

放入冰箱的婴儿食物应该加盖封藏

再食用过程安全

婴儿吃剩的任何
食物都应该扔掉

重新加热固体
和液体食物应彻底

对于固体食物，应
加热到食物的中心

对于液体食物，
应煮到沸腾

蔬菜泥的制作方法

必需食材：

根茎类：南瓜、胡萝卜、土豆、山药、芋头、红薯。

茎叶类：小油菜、芹菜、茄子、西红柿。

制作过程：

第一步：蔬菜煮熟。

第二步：捣成泥。

适用人群：

根茎类蔬菜泥：适用于添加辅食的初期，可制作较为细滑的菜泥。

茎叶类蔬菜泥：适用于添加辅食后的 1～2 个月，7～9 月龄的婴儿，适当增加食物的粗糙度。

米粉的冲调方法

必需食材：

现成的米粉，最好是铁强化的；没有的话也可以自制米粉

或面粉。

可选食材：

食用油；蛋黄；肉、菜等食物。

制作过程：

第一步：冲调米粉，先放米粉，逐渐少量加水，至比较稠

的状态即可。

第二步：选择一种或几种可选食材煮熟，并捣成泥糊状。

第三步：米粉中加入做熟的泥糊状的可选食材，调和均匀

即可。

开吃：

用勺喂食，避免使用奶瓶。

营养粥的制作

必需食材：

大米或小米。

可选食材：

肉末、菜末、蛋黄、动物肝脏、坚果末等。

制作过程：

第一步：熬粥。

第二步：选择一两种可选食材煮熟，并粉碎成末状。

第三步：粥中加入做熟的粉末状的可选食材，搅拌

均匀即可。

开吃：

用勺喂。

蛋类制作方法

必需食材：

蛋。

制作方法 1：

蛋黄泥，煮熟后将蛋黄捣碎成泥状，与其他辅食搭配食用。

制作方法 2：

蛋羹，全蛋液调匀后，隔水蒸熟食用

肉丸的制作方法

必需食材：

肥瘦相间的肉一斤（可以经常替换肉的种类，猪、牛、羊、鸡、鸭、鱼、虾）、两个鸡蛋、少量水或高汤、淀粉少许。

制作过程：

第一步：将肉剁成肉末。

第二步：加两个鸡蛋、加少量水或高汤调制，可加少许淀粉，做成 1 两左右的肉球 10 个。

第三步：将每个肉球用保鲜膜包好，放入冰箱冷冻备用。

第四步：需要食用时，从冰箱中取出煮熟，并用调羹压碎。

第五步：压碎后的肉丸与粥、面条、青菜等一同食用，开始添加时可以吃半个，逐渐增加到 1 个。

掌握了这几道菜品的制作方法，

基本就能满足我这个时期对辅食的需求了。

如果妈妈有举一反三、务实创新的精神，

那我在满足营养的基础上，还大有口福了，

现在给我多种食物味道的尝试，

有助于我以后不挑食、不偏食哦。

您现在的一小步就是我将来的一大步，

妈妈制作辅食简直跟"阿姆斯特朗登月"一样伟大。

喂饭技巧

 反复强化某种食物的味道

现在，辅食该添加什么，怎么制作您都知道了，

接下来就是解决问题的关键了，让我吃进去。

您以为这是理所当然的事情，

可实际上我可能并不领情，

您吭哧吭哧做好的辅食，我并没有兴趣吃。

这个时候怎么办呢？

您跟我讲道理，我听不懂；

您发脾气，我也不会哄您；

您一怒之下干脆不管我了？

千万不要啊，您可不能放弃我，

您自己生的孩子，含着泪也要养大的。

我对新食物的不接受呢，

其实是非常正常的，总得给人家一个思想斗争的过程啊。

破解的招数就是：要用同一种食物反复地喂我，

诱惑我、腐化我，放心吧，用不了三五次我就会就范了。

对自己下手这么狠的，我猜也是没谁了。

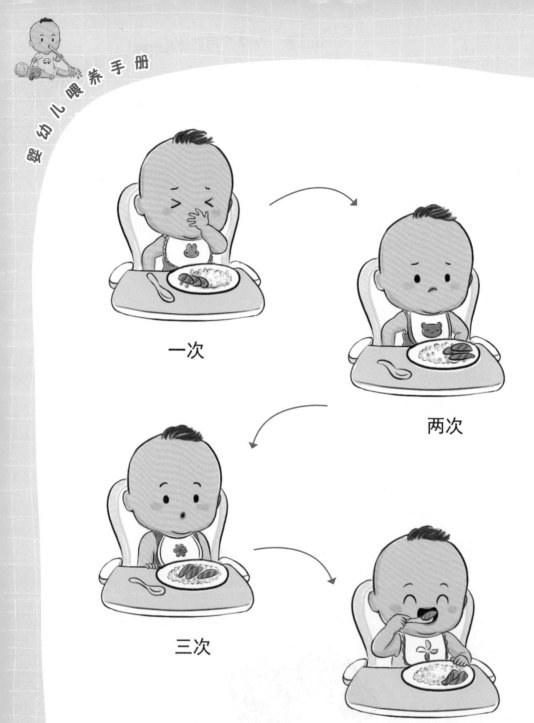

一次

两次

三次

四次

用勺子喂食，用心喂食——7 ~ 9 个月

这个时候我已经可以应付乳头和奶嘴儿以外的工具了，

要有意识地多用勺子，锻炼我对吃饭工具的适应能力。

当然，比勺子更重要的，是用心。

第一篇吃母乳的时候我就说过，我是吹弹可破玻璃心，

所以喂我的时候一定要跟我面对面，有语言和眼神的交流。

跟我说话，鼓励我，注意观察我情绪的变化，

我心情不好的时候不要喂，我心情好的时候要认真喂，

我停下来的时候要等我，不能催我，

我容易分心的话就别干扰我，进餐环境尽量固定，

清洁是最基本的要求，食物口味要多样化，

注意发现我爱吃什么，要少量多次地喂，

不能着急，不怕麻烦。

专家说

掌握正确的喂食技巧

有助于培养宝宝对吃饭的兴趣，更好地适应从母乳到普通食物的过渡。

喂食时要缓慢有耐心，每顿 20 ~ 25 分钟为宜，喂食期间大人不要看电视、看手机，尽量不让宝宝玩玩具。

两次喂食之间要有足够的间隔，给宝宝胃休息的时间，绝对不能一直不停地让宝宝进食。

当婴儿患病时，也不能停止辅食的添加，要耐心鼓励宝宝饮水和进食，尽量选择宝宝喜欢的食物，少量多次，并继续更频繁地母乳喂养。

鼓励宝宝自己抓食——10 ~ 12 个月

其实完全需要妈妈喂食的，也就 3 个月，

从第 10 个月开始，人家就要自己吃了。

您说您不嫌累，愿意继续喂我，那也别喂了，耽误我成长。

而且您真的以为喂饭累？

我自己吃您会更累的，

因为要收拾我的烂摊子，

但是，

为了我以后身心更加健康，请坚持。

这个时候我显然是不大能用勺子、筷子，

最好用的还是我的双手，不管什么辅食，我都用抓的，

我简直想不出比这更有意思的事情了。

菜泥的幼滑、肉丸的 Q 弹、米粥的黏腻、坚果的粗糙，

我感觉新世界的大门正在向我敞开。

准确地抓取和准确地送到嘴里，一开始是难了点，

但我很喜欢反复练习，

简直能体验到"自己的人生自己主宰"的感觉。

我最烦的就是大人们在我屁股后头追着喂了，

我明明不想吃，非得强迫我吃，

趁我不注意，抽冷子就给我塞一勺，搞得我整个人都不好了。

我也理解大人们的想法，

一方面能确认我吃进去了足够量的东西，

另一方面您多会用勺子啊，往嘴里送得多准啊，

当然不会掉得到处都是，也不会让我蹭得满脸都是，

那收拾起来多省事儿啊。

可是，您错了，浪费了我宝贵的成长锻炼机会，

现在省事一点点，将来麻烦一大堆。

看图您就明白了，哪种情况我吃得高兴，一目了然。

呵呵，是不大好收拾，

可我吃得好，长得好，少生两次病，

就什么都有了，您说呢？

哪种表现是爱吃，

哪种表现是不爱吃？

专家说

宝宝自己抓取食物能够很好地锻炼准确的判断力、抓握能力动作的协调性；

增强宝宝对食物质地和味道的分辨力，以及对吃饭的兴趣；培养集中的注意力、主动性和自理能力；

宝宝在成功地把饭送到嘴里时，会体验到成功，能够帮助宝宝建立信心和责任感。

一直由家长喂饭的宝宝不仅失去了以上锻炼的机会，而且容易吃饭不专心，影响消化，营养摄入不足。

喂养成果验收——定期监测生长发育状况

您遵守辅食添加原则和技巧，按时按需地喂，

我也会遵守婴儿发育规律，

给您做到三翻六坐八爬周会走。

除了这些，还得继续科学地监测身长和体重，

虽然我已经能凑合站着了，但量的时候还得躺平，

我还站不直，

测量方法您肯定已经熟能生巧了，

还是老规矩，一边养，一边量，

一边跟 WHO 参考值（见表 2–2 和表 2–3）比较。

世界卫生组织婴儿生长标准参考

表2-2 7 ~ 12个月男宝宝体重身长参考值

月龄	男宝体重（千克）			男宝身长（厘米）		
	中位数	−2SD	+2SD	中位数	−2SD	+2SD
7	8.3	6.7	10.3	69.2	64.8	73.5
8	8.6	6.9	10.7	70.6	66.2	75.0
9	8.9	7.1	11.0	72.0	67.5	76.5
10	9.2	7.4	11.4	73.3	68.7	77.9
11	9.4	7.6	11.7	74.5	69.9	79.2
12	9.6	7.7	12.0	75.7	71.0	80.5

表 2-3　7 ~ 12 个月女宝宝体重身长参考值

月龄	女宝体重（千克）			女宝身长（厘米）		
	中位数	-2SD	+2SD	中位数	-2SD	+2SD
7	7.6	6.0	9.8	67.3	62.7	71.9
8	7.9	6.3	10.2	68.7	64.0	73.5
9	8.2	6.5	10.5	70.1	65.3	75.0
10	8.5	6.7	10.9	71.5	66.5	76.4
11	8.7	6.9	11.2	72.8	67.7	77.8
12	8.9	7.0	11.5	74.0	68.9	79.2

–2SD 到 +2SD 之间,

就算是正常范围。

用比较直观的曲线图表示就是这样的:

把宝宝在不同月龄相应的体重和身长值

标在图上并连线,

看看你家宝宝的生长曲线是什么样子的。

参见图 2-3 ~ 图 2-6。

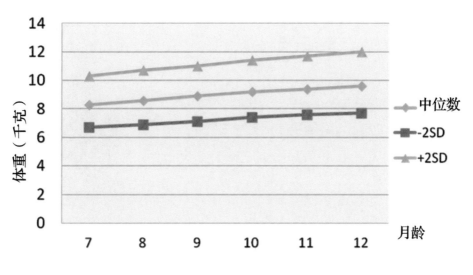

图 2-3 7 ~ 12 月龄男宝宝体重参考曲线

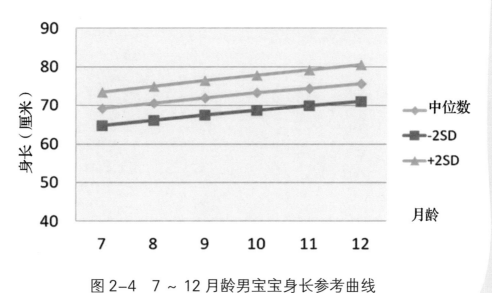

图 2-4 7 ~ 12 月龄男宝宝身长参考曲线

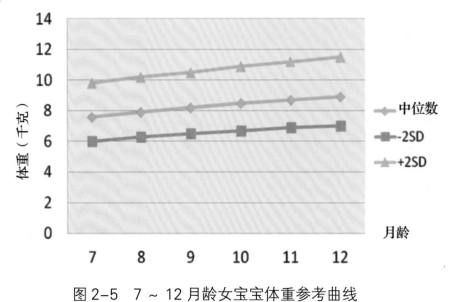

图 2-5　7 ~ 12 月龄女宝宝体重参考曲线

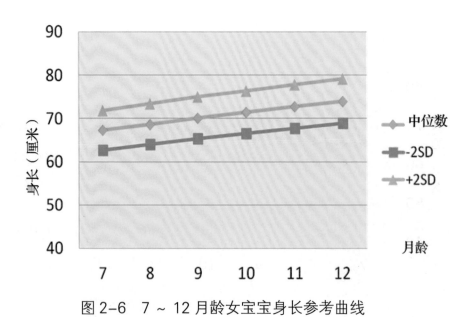

图 2-6　7 ~ 12 月龄女宝宝身长参考曲线

第三篇

13~24 个月幼儿喂养

我一岁啦!

在刚刚结束的"抓周"活动中,还闹了个大乌龙。

我刚把纸尿裤拿在手里,想说换个干净的,毕竟第一次
出席这么重要的活动,应该要穿得正式一些。

结果,竟然在一片笑声中活动就结束了。

什么情况,人家还没开始呢!

妈,您真的以为我就想抓个纸尿裤吗?这没有合适的喻
义和解释啊,纸尿裤设计师?能上巴黎时装周走秀吗?

算了,不解释了,我们小孩子的世界你们大人根本不懂。

这个年龄段包含了我"生命最初 1000 天"中的最后一个阶段，

第 642 ～ 1000 天，也是我吃母乳的最后一个阶段，

必须要给坚持母乳喂到宝宝 2 周岁的妈妈点个大大的赞！

但是需要说明的是，母乳可以断了，奶要继续，

按照国家要求，

喝奶这个事情，最好是坚持一辈子。

经过前面 6 个月各种辅食的添加和锻炼，

我现在已经基本能适应跟大人一样的食物多样性了。

然而，君子有所为有所不为，

本宝宝有所吃，也有所不吃。

专家说

这一阶段幼儿摄入食物方式发生变化，幼儿将完成从被动喂养获取营养到学习自己吃食物获得营养的过渡，也是养成良好的饮食习惯的关键时期。

宝宝的食谱

 吃什么

吃奶

24 个月之内，有母乳的吃母乳，

没母乳的吃配方奶粉，每天 500 毫升左右。

24 个月之后呢，奶类的品种就可以稍微多样化一些了，

可以是配方粉、儿童液态奶、奶酪、儿童酸奶等，

等量于 500 毫升液态奶就行。

专家说

　　需要特别注意的是，乳酸饮料、乳味饮料、乳酸菌饮料等都不能作为奶类的替代品。

　　对于宝宝来说，这些都属于含糖饮料，过早摄入容易造成儿童肥胖，要尽量避免让孩子接触到这类食物。家长在购买儿童液态奶时，要特别留心包装上的小字，凡是带有"饮料"二字的，一般都不适合宝宝。

你是因为喝了这个东西
才长得胖胖的吗？

凡是带有"饮料"二字的，

一般都不适合宝宝

滋溜~~滋溜~

吃主食（也就是谷类）

我每天需要吃主食 2 ~ 3 两（100 ~ 150 克）；

可以安排成 2 ~ 3 顿给我。

什么米饭、馒头、包子、面条、饺子、粥，我都可以，

不过直接丢给我半碗米饭或一个馒头这是极其不负责任的，

特别是在我 24 个月之前。

虽然我的小乳牙已经基本长全了，

但咀嚼能力还在逐步完善中，所以尽量给我质地软、

体积小的主食，

比如软米饭、软面条、馒头丁，

要是包子我只掏馅吃，那这顿主食就算没吃到哦。

这个时期也不用特别注意粗粮的添加，

我的消化能力还比较弱，有些粗粮不仅消化不了，

还可能伤害到我的胃肠道。

吃蔬菜水果

每天 3 ~ 4 两（150 ~ 200 克）。

不爱吃菜是我这个年龄小朋友比较普遍的一个问题，

这个真不能全怪我们挑食。

很多菜的口感和质地确实让人不敢恭维，又苦又涩不说，

那个长长的纤维，嚼不烂，咽不下，吐出来吧，

妈妈又不开心，

让人分分钟感受到来自这个世界深深的"恶意"。

水果倒比蔬菜好接受一些，

但又厚又硬的果皮我们也是吃不下的，

何况有的苹果都快比我脑袋大了，

我的樱桃小口如何下得去呢？

去皮切丁吧，牙签就不用插了，

我手上没准儿，容易误伤到自己。

162

专家说

　　给宝宝吃的蔬菜要切得体积更小，特别是纤维比较多的品种。

　　为了保持蔬菜的营养，可以做熟以后再用刀或者剪刀切分。

维生素制剂不能代替蔬菜水果。

因为蔬果中还含有很多种微量元素、膳食纤维等，是维生素制剂无法满足的。

果汁不能替代水果。即使是水果鲜榨而成的果汁，也会导致纤维素和维生素 C 的流失。

甜度太大的水果一次不要吃太多，更不能因为吃水果而影响正常进餐。

吃鱼虾肉蛋

每天一个蛋，每天 1 两（50 克）肉。

蛋嘛，鸡蛋就行。

肉，最好是鸡、鸭、鱼、猪、牛、羊换着花样来。

第二篇中辅食部分介绍的那个肉丸的制作

依然适合我现在吃。

专家说

　　鱼类脂肪有利于儿童的神经系统发育，可适当多选用鱼虾类食物，尤其是深海鱼类。

　　不宜给幼儿喂食坚硬的食物和腌腊食品。

　　2岁以下的幼儿，较多的能量来自于淀粉和糖是不合适的，因为富含碳水化合物的食物占体积较大，降低了食物的营养密度及总能量的摄入。

吃油

当然不是直接喝，

而是烹调用油，

每天半两（25 克）。

专家说

烹调方式上，宜采用蒸、煮、炖、煨等，不宜采用油炸、烤、烙等。

口味以清淡为好，不应过咸，更不宜食辛辣刺激性食物。

要注重花样品种的交替更换，以利于幼儿保持对饮食的兴趣。

表 3-1 是幼儿对能量的需求，可以作为参考。

烹调方式上，宜采用蒸、煮、炖、煨等，

不宜采用油炸、烤、烙等

表 3-1 幼儿对能量的需求

年龄	男宝宝	女宝宝
1 ~ 2 岁	900 千卡路里	800 千卡路里

注：数据来源为《中国居民膳食指南 2016》

吃维生素 D

跟 1 岁以前一样，

继续每天补充维生素 D 400 国际单位。

维生素 D 的重要性前面已经说过啦，

忘记掉的妈妈往前翻翻看看。

注：数据来源为《中国居民膳食指南 2016》

专家说

　　由于奶类和普通食物中维生素D含量十分有限，幼儿单纯依靠普通膳食难以满足维生素D需要量。

　　适宜的日光照射可促进儿童皮肤中维生素D的形成，对膳食钙的吸收和儿童骨骼发育具有重要意义。

　　每日安排幼儿1～2小时的户外游戏与活动，既可接受日光照射，促进皮肤中维生素D的形成和钙质吸收，又可以通过身体活动实现对幼儿体能、智能的锻炼培养和维持能量平衡。

喝水

纯母乳喂养的那个阶段我是不需要喝水的，

从添加辅食开始就得跟大人一样喝水了，

而现在，不仅需要喝水，而且比大人还需要得多，

当然是按照每千克体重来算。

专家说

水是人体结构、代谢和功能所必需的成分。

小儿新陈代谢相对高于成人，对能量和各种营养素需要量也相对更多，对水的需要量也更高。

13 ~ 24 个月幼儿约需水 125 毫升 / 千克体重，一天总需水量为 1250 ~ 2000 毫升。

幼儿需要的水除了来自营养素在体内代谢生成的水和吃的食物所含的水分（特别是奶类、汤汁类食物含水较多）外，大约有一半的水需要直接饮水满足，每天应直接饮水 600 ~ 1000 毫升。

 ## 不吃什么

首先声明，

我不吃什么可不能根据你们大人的喜好来。

正像是所谓"有一种冷叫你妈觉得你冷"，

这样是不行的。

你们大人不爱吃的食物也要做给我吃，

挑食、偏食咱们就别代代相传了。

不喝饮料，少吃甜食

这句话我是下了很大的决心才说的，

因为你知道喜欢甜食是人类的天性。

我就是太理智、太正能量了，

为了我将来的身体和身材，

还是请爸爸妈妈帮我管住嘴吧。

饮料就是所有的饮料；

甜食是指糖果、巧克力、饼干点心、蜜饯等，

而不是指甜的水果。

专家说

对婴幼儿来说，用各种甜味饮料补充水分，其结果是弊大于利。

目前许多市售的甜味饮料，包括碳酸饮料、含糖饮料、含乳饮料甚至大部分的果汁饮料，除了含有不同浓度的蔗糖外，还含有许多作为调味剂和加工助剂的食品添加剂，如碳酸、磷酸盐、香精、色素、有机酸、防腐剂、咖啡因等。

少吃或不吃油炸食品和膨化食品

不管甜食、油炸还是膨化，

都有个共同特点，就是特别好吃。

一旦宝宝被它们喂馋了，

就会对营养健康的其他食物更加排斥。

比较明智的做法就是暂时先不让宝宝们接触到

"这么好吃"的东西，我们也就"无欲则刚"了。

这么严格要求自己，我简直就是"中国好宝宝"，

此处应有经久不息的掌声。

专家说

选择零食品种，合理安排零食时机，使之既可增加儿童对饮食的兴趣，并有利于能量补充，还可以避免影响主餐食欲和进食量。

应以水果、乳制品等营养丰富的食物为主，给予零食的数量和时机以不影响幼儿主餐食欲为宜。

 ## 7~24 月龄婴幼儿喂养指南

1. 继续母乳喂养，满 6 月龄起添加辅食。

2. 从富含铁的泥糊状食物开始，逐步添加达到食物多样。

3. 提倡顺应喂养，鼓励但不强迫进食。

4. 辅食不加调味品，尽量减少糖和盐的摄入。

5. 注重饮食卫生和进食安全。

6. 定期监测体格指标，追求健康生长。

注：2016 年中国营养学会发布

宝宝开吃

 应该怎么吃

使用工具吃

人们曾经把能否使用工具作为

区别人类和动物的一个标志，

直到后来发现有些猩猩、猴子也会使用

木棍、石头之类的简单工具。

可不管怎么说，

使用工具都是高智商的体现，

一周岁的我，

也要逐渐告别"用手抓"的阶段了，

使用工具，从吃饭开始。

庆幸作为一个中国宝宝，

学习使用勺子筷子就够了，

真不知道西方宝宝

是怎么学会使用刀子叉子那些危险的餐具的。

专家说

13 个月的幼儿，就可以开始练习使用餐具了，从勺子开始，让宝宝自己舀饭吃。

依然建议不要喂饭。

上桌吃

之前吃母乳的时候是不需要上桌的，后来添加了辅食，

因为经常跟你们大人的用餐时间对不上，

所以也不怎么出现在饭桌上。

现在，是该上桌吃饭的时候了。

有条件的话给我准备一把儿童餐椅，

我也像模像样地占上一席之地，感受一下家庭的温馨氛围。

需要注意的是，虽然大家都在一张桌子上，

吃的食物种类也一样，但我的饭菜仍然是单独制作的，

请坚持更柔软、更小块、更清淡的原则。

有时候我也会被带出去下个馆子什么的，

没办法特别烹调我能吃的食物怎么办呢？

尽量本着上面说过的原则点菜，

然后可以用筷子勺子先帮我把食物处理成

我能接受的体积大小，我还是可以吃得很好的。

不应该怎么吃

不应该追着喂，谈条件

这个吃法的兴起是在"80 后"小的时候，

也就是我们的爸爸妈妈小时候。

那会儿正是刚开始有"独生子女"的时候，

家长都爱惜得不行，真是捧在手上怕摔了，含在嘴里怕化了，

他们也因此得了一个"小皇帝"的称号。

小皇帝们吃饭排场自然是极大的，

爷爷奶奶爸爸妈妈围追堵截，赶着跑着地喂，连哄带骗地吃。

吃一口饭谈一个条件，而且都是不平等条约，

一顿饭下来，供销社的玩具，小卖部的零嘴儿，

基本就得买个遍了。

您要不兑现，他下回还就不吃了；

您要给兑现了吧，下回保准涨价。

其实这个吃法是非常不正确的，

是值得我们这些宝宝们引以为戒的。

第一，它十分劳民伤财。一大家子人要陪着，

许诺的"好处"要兑现，这个养法，太费心。

第二，宝宝动手能力得不到锻炼。

喂饭是真正意义上的饭来张口，

会导致宝宝失去锻炼抓握能力和协调能力的机会，

正所谓心灵手巧，是要从小培养的。

第三，吃饭不专心，影响消化吸收。

有人喂饭的宝宝注意力往往难以集中在吃饭这件事上，

经常会摆弄玩具，左顾右盼。

东西虽然是咽下去了，脑子却还在玩具上，

没有给消化系统下指令。

第四，习惯被人呵护，缺乏主动性和自理能力。

在家被喂惯了的"小王子"，

上幼儿园吃饭的时候面对一个煮鸡蛋

不知道怎么下嘴的情况就是这样发生的。

是的，"小王子"根本没见过带皮的鸡蛋，

更不知道该剥皮吃了。

往小了说，这会让宝宝失去对食物的兴趣；

往大了说，甚至影响宝宝体验成功，

建立自信和责任感。

专家说

　　在良好的环境下规律进餐，重视幼儿饮食习惯的培养。

　　可以安排与其他儿童一同进餐，有助于培养孩子集中精力进食。

　　切忌边看着电视边吃饭、看护人追着儿童喂饭等不良习惯。鼓励和安排较大幼儿与全家人一同进餐，以利于儿童日后更好地接受家庭膳食。

　　家长应以身作则，用良好的饮食习惯影响儿童。

不应该强迫吃

我已经 1 岁了，不再是个什么都不懂的小孩子了。

我对食物是有自己的理解和坚持的，

你一定看过宝宝吃柠檬的视频，有时候就是这样，

我自己选择的食物，含着泪也会吃完；我不想吃的东西，

任何方法都是不行的。

有时候我会剩下一些饭菜不吃，

不是我非要浪费粮食，是我吃饱了，

勉强继续吃完的话，会造成营养过剩，久而久之变成一个小胖子。

适度的婴儿肥倒是会让我萌萌的，

但小时候的超重或肥胖会大大增加成年以后肥胖及相关代谢疾

病、慢性病的发生率。

这也是为什么一直在强调"生命最初 1000 天"，它是一个窗口期，

等窗户一关，再想调整就很难了。

所以不要总是跟我碗里的一点剩饭较劲哦，

我太能吃并没有你想的那么好。

什么，吃剩下的留着明天给我热热吃?

千万不要哦，现在我的免疫力还在逐步完善中，

是很不擅长吃剩菜剩饭的。

我也知道应该响应"光盘行动"，

不如这样，让我爸把我剩下的吃了吧，

毕竟我还是他前世的小情人或好"基友"呢。

同理，在我还想吃的时候，也不要贸然限制。

"你觉得我饱了"并不是一个特别准确的判断，

不要忘了"你以为你以为的就是你以为的吗"。

宝宝饿了,
快吃饭!

宝宝不爱吃,
别吃了!

宝宝吃好了
去玩儿吧!

我感觉不舒服,
是吃太饱了,
还是饿的呢?
是累了,还是困了呢?

专家说

1 岁的宝宝已经能够根据自身需要调节进食量，还能够根据食物的质量决定进食量（比如根据奶的浓度调节吃奶量的多少）。

家长不能根据自己的感觉判断孩子的状态，自己饿了，就认为孩子也想吃了；自己不爱吃，就认为宝宝肯定也不喜欢。家长的控制会导致宝宝失去亲自经历和体验饱足感和饥饿感的机会，因此削弱自我调节能力。

家长忽视宝宝自身的感受，会对孩子的饮食行为产生长久不良的影响。

不应该顶着压力吃

有的家长把就餐时间当成了训导时间，

餐桌简直成了我们的教育基地，

每到吃饭的时候就开始喋喋不休地唠叨，

您知道此时此刻我们心里的阴影面积吗？

搞得人家一到饭点就开始紧张，每顿饭都吃得特别纠结，

不吃吧，饿；吃吧，副作用太大，宝宝心里苦啊。

我才刚刚一两岁，连吃饭这件事情本身，

都还在学习过程中，你们大人就不要在旁边捣乱了。

实在做不到给我营造一个温馨舒适就餐环境的话，

让我一个人安安静静地吃好吗？

专家说

就餐氛围是比较容易忽略的一个问题，很多家长在进餐时，缺乏跟宝宝的目光和语言交流，而是看着电视或做其他事情；

有些瘦弱宝宝的家长则是习惯迫使孩子多吃一些。

这些不良的就餐氛围会影响孩子的就餐情绪，进而影响宝宝的消化吸收功能。

就餐时，尽量给孩子营造轻松愉快的气氛，鼓励孩子进餐，但不训斥或勉强。

宝宝的第一次独立——断奶

对于我们来说，断奶可不只是改变食谱那么简单的一件事。

在出生后的前两年中，吃奶几乎贯穿了我们生活的全部，

饿了要吃奶，困了要吃奶，开心的时候吃奶，

彷徨无助、委屈难过的时候更离不开"吃奶"的安抚。

妈妈的乳房和怀抱就是勇气和力量的源泉。

我们就像希腊神话中的安泰——海神波塞冬和大地神盖娅

之子，只要接触到大地母亲，就永远不会感到疲劳，永远

立于不败之地。

我这样说，你还会觉得断奶只是断掉了我的一部分口粮吗？

不，这简直如同改变了宝宝们虔诚的信仰。

它可不是抹点辣椒水就能解决的，在信仰面前，"老虎凳"

都不行。

断奶时机

正所谓天时地利人和，在"断奶"这件大事上，

第一重要的，就是要瞅准时机。

在本书中，我们就按照标准操作来讲，默认母乳喂到2周岁。

当然本宝宝也知道这个基本上很难，

对于不得不在更早的阶段就断奶的妈妈们，

下面介绍的内容也是有参考价值的；

而对于2周岁还没断奶并且在短时间内

也没有打算断奶的宝宝，

真是担心你们的未来。

1岁之前： 说真的，1岁之前，我的字典里没有"断奶"这个词，好吧，1岁之前我的字典里就没有什么词。我从没想过会有断奶的那一天，我天真地以为母乳可以吃到地老天荒，所以这个时期给我断奶是非常不明智的选择。我从生理上和心理上都是难以接受的，表现出来就是生病、哭闹。非要在这个阶段断奶不可的妈妈们，在尽量弥补营养上的缺失之外，更要给足宝宝情绪上的安抚。在此，衷心希望广大宝宝都不会有此一"劫"。

1岁至1岁半： 随着年龄的长大，我开始学着思考人生了，也已经意识到吃奶不会是个长久之计，在我发现这一点后，就产生了危机感，于是进入了敏感脆弱的母乳成瘾期。这时候我可能会表现出对妈妈和母乳空前的依恋，患得患失，这个时候您跟我说断奶，我"分分钟"崩溃给您看。那么显然，这也不是一个理想的时机。

　　1 岁半以后：我的眼界一天天开阔起来，妈妈的怀抱不再是我的整个世界了，外界新奇的一切很快让我成了一个好奇宝宝，我开始愿意试着探索是不是还有比吃奶更有意思的事情。经过一段时间的内心挣扎，我已经基本接受迟早有一天得断奶这个事实了，毕竟我们都不是安泰神，离开母亲不会被敌人打败，而是会成长、强壮。另外，我吃饭的本事也与日俱增，从生理和营养上来说，也做好了断奶的准备。在这个时候，妈妈们可以开始考虑断奶的事情了。

 断奶方法

莎士比亚说一千个人眼里有一千个哈姆雷特，

那么一千个妈妈就有一千个断奶的方法，

可谓是五花八门，无所不用。

本宝宝盘点了一下宝宝们最讨厌和最喜爱的几种断奶方法，

仅供参考。

宝宝讨厌的断奶方法

讨厌 1：辣椒水、芥末膏断奶法

这个方法真是让所有宝宝都醉了。历史真是惊人地相似，自古以来逼迫他人背叛自己信仰的方法都是大同小异，而更相似的是这种手段往往都是以失败告终的。你想干什么你说嘛，你不说我怎么知道，你这样一上来就抹辣椒水，我还以为咱们搬到四川了呢。话说四川的妈妈肯定不用这招，宝宝爱吃辣。

讨厌 2：骨肉分离断奶法

妈妈正好要出差，顺便可以把奶断了？大错特错。你这样会导致我根本搞不清楚重点，断奶事小，没妈事大啊。我并不是因为馋，非吃那一口奶水不可，我就是喜欢在妈妈怀里的感觉，吃奶对于我来说，就像是跟妈妈保持亲密联系的唯一桥梁。突然你就把两样都带走了，讲真，我整个人是崩溃的。我不确定是桥断了，还是妈妈不见了，这可是心理和生理双重痛苦，慢慢来好吗？

讨厌 3：反复无常断奶法

有的妈妈总是心太软,使得断奶这个事情剪不断,理还乱。在决定给我断奶了以后,我声嘶力竭的哭声、茶饭不思的愁绪、哀怨的眼神、无助的背影都会动摇妈妈的决心,于是选择还是用母乳暂时安抚。这样一来呢,无知的我还以为你们是为了看我哭闹故意逗我呢,那么好了,下次没有奶吃的时候我就会更加"卖力"地闹给你看。结果就是,越反复,越难断,每重新来过一次,就增加一次折磨,好心塞。

正所谓快刀斩乱麻,断奶也讲究个短平快,长痛不如短痛,短痛当然不如根据我们的手册让它不痛。

宝宝喜欢的断奶方法

喜欢 1：好言相商断奶法

有的宝宝是可以商量的，能够接受"宝宝长大了，不再吃奶了"的说法，这样强调几次以后，你甚至会发现，即使再用吃奶逗我，我自己都觉得不好意思了，会害羞，会尴尬。

而想要达到这样的效果，前提是，在准备断奶的阶段，妈妈做足了功课。

前面说了，"吃奶"是宝宝和妈妈建立亲密联系的桥梁，所以在准备断奶的阶段，妈妈不妨试着多建造一些其他的"桥梁"，让宝宝意识到，除了吃奶，还有很多途径可以跟妈妈保持亲密，比如亲子游戏，睡前故事等；让宝宝知道即使断奶了，妈妈的爱和舒适的安全感依然在身边。

喜欢 2：延迟满足断奶法

就是在宝宝想吃奶的时候，找个理由推迟满足。比如在户外的时候可以说"回家再吃"；或者用玩具等更有吸引力的事情分散宝宝的注意力；说妈妈身体不舒服暂时不能吃奶。这种方法落差小，宝宝不会失去安全感，心理上容易接受。有时候宝宝的理解和体谅好到让妈妈意外，不瞒您说，我就是这种好到让人意外的孩子。

喜欢 3：循序渐进断奶法

这个跟讨厌 3 里的反复无常是不同的。区别就在于很重要的节奏感。比如第一次 1 天不吃，第二次 2 天不吃……因为您知道吃奶这个事情是有成瘾性的，爱吃零食的妈妈应该深有体会，不是馋也不是饿，只是嘴巴太寂寞。偶尔那个瘾头上来却吃不着，也是没着没落的非常难受。断奶虽然没有那么夸张，可也比戒零食的瘾困难多了。所以，循序渐进地慢慢减少是个不错的办法。

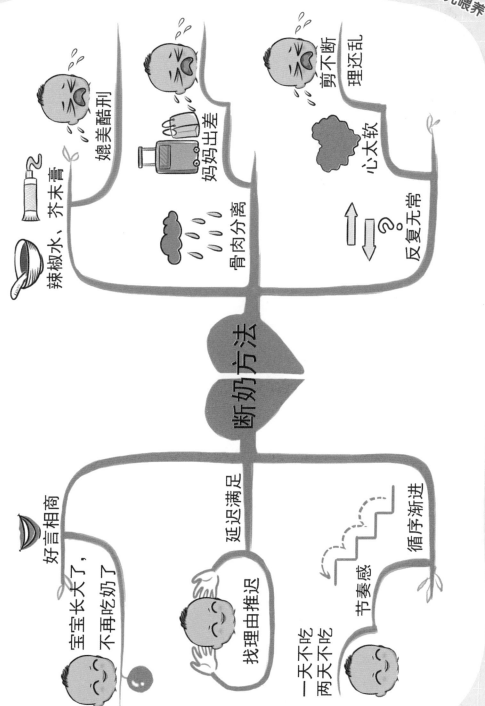

媲美酷刑

辣椒水、芥末膏

妈妈出差

骨肉分离

剪不断 理还乱

心太软

反复无常

断奶方法

好言相商

宝宝长大了， 不再吃奶了

延迟满足

找理由推迟

一天不吃 两天不吃

节奏感

循序渐进

专家说

　　断奶时机建议选择宝宝身体状况良好、家庭生活稳定的时期，避免生病、受惊、打预防针、更换宝宝照料人、搬家、妈妈出差等时期。

　　有条件的家庭可以先给宝宝做个全面的体检，再进行断奶。

喂养成果验收——定期监测生长发育状况

现在我也没有 1 岁以前那种惊人的生长速度了，

所以身高体重 2 ~ 3 个月测量一次也就可以了。

表 3–2 和表 3–3 是参考值。

世界卫生组织婴儿生长标准参考

表 3-2　13 ~ 36 个月男宝宝体重身长参考值

月龄	男宝体重（千克）			男宝身长（厘米）		
	中位数	-2SD	+2SD	中位数	-2SD	+2SD
13	9.9	7.9	12.3	76.9	72.1	81.8
14	10.1	8.1	12.6	78.0	73.1	83.0
15	10.3	8.3	12.8	79.1	74.1	84.2
16	10.5	8.4	13.1	80.2	75.0	85.4
17	10.7	8.6	13.4	81.2	76.0	86.5
18	10.9	8.8	13.7	82.3	76.9	87.7
19	11.1	8.9	13.9	83.2	77.7	88.8
20	11.3	9.1	14.2	84.2	78.6	89.8
21	11.5	9.2	14.5	85.1	79.4	90.9
22	11.8	9.4	14.7	86.0	80.2	91.9
23	12.0	9.5	15.0	86.9	81.0	92.9
24	12.2	9.7	15.3	87.8	81.7	93.9
25	12.4	9.8	15.5	88.0	81.7	94.2
26	12.5	10.0	15.8	88.8	82.5	95.2
27	12.7	10.1	16.1	89.6	83.1	96.1
28	12.9	10.2	16.3	90.4	83.8	97.0
29	13.1	10.4	16.6	91.2	84.5	97.9
30	13.3	10.5	16.9	91.9	85.1	98.7
31	13.5	10.7	17.1	92.7	85.7	99.6
32	13.7	10.8	17.4	93.4	86.4	100.4
33	13.8	10.9	17.6	94.1	86.9	101.2
34	14.0	11.0	17.8	94.8	87.5	102.0
35	14.2	11.2	18.1	95.4	88.1	102.7
36	14.3	11.3	18.3	96.1	88.7	103.5

表 3-3　13 ～ 36 个月女宝宝体重身长参考值

月龄	女宝体重（千克）			女宝身长（厘米）		
	中位数	−2SD	+2SD	中位数	−2SD	+2SD
13	9.2	7.2	11.8	75.2	70.0	80.5
14	9.4	7.4	12.1	76.4	71.0	81.7
15	9.6	7.6	12.2	78.6	72.0	83.0
16	9.8	7.7	12.6	77.5	73.0	84.2
17	10.0	7.9	12.9	79.7	74.0	85.4
18	10.2	8.1	13.2	80.7	74.9	86.5
19	10.4	8.2	13.5	81.7	75.8	87.6
20	10.6	8.4	13.7	82.7	76.7	88.7
21	10.9	8.6	14.0	83.7	77.5	89.8
22	11.1	8.7	14.3	84.6	78.4	90.8
23	11.3	8.9	14.6	85.5	79.2	91.9
24	11.5	9.0	14.8	86.4	80.0	92.9
25	11.7	9.2	15.1	86.6	80.0	93.1
26	11.9	9.4	15.4	87.4	80.8	94.1
27	12.1	9.5	15.7	88.3	81.5	95.0
28	12.3	9.7	16.0	89.1	82.2	96.0
29	12.5	9.8	16.2	89.9	82.9	96.9
30	12.7	10.0	16.5	90.7	83.6	97.7
31	12.9	10.1	16.8	91.4	84.3	98.6
32	13.1	10.3	17.1	92.2	84.9	99.4
33	13.3	10.4	17.3	92.9	85.6	100.3
34	13.5	10.5	17.6	93.6	86.2	101.1
35	13.7	10.7	17.9	94.4	86.8	101.9
36	13.9	10.8	18.1	95.1	87.4	102.7

–2SD 到 +2SD 之间，就算是正常范围。

用比较直观的曲线图表示就是这样的，

详见图 3–1 ～图 3–4。

把宝宝在不同月龄相应的体重和身长值

标在图上并连线，

看看你家宝宝的生长曲线是什么样子的。

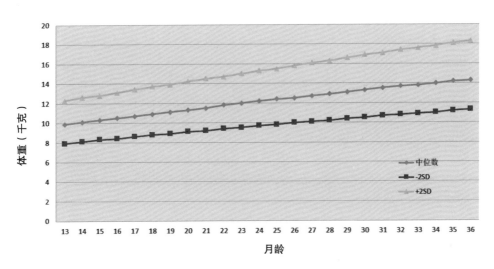

图 3-1　13 ～ 36 月龄男宝宝体重参考曲线

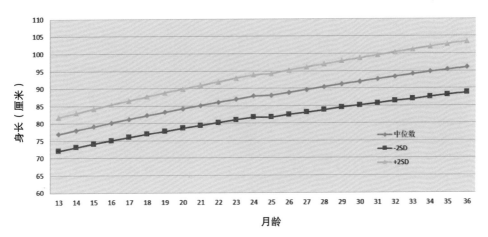

图 3-2　13 ～ 36 月龄男宝宝身长参考曲线

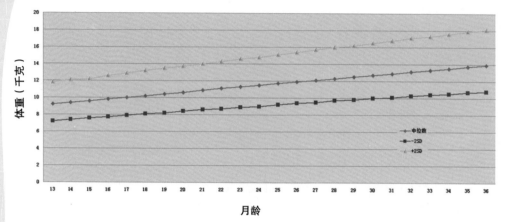

图 3-3　13 ～ 36 月龄女宝宝体重参考曲线

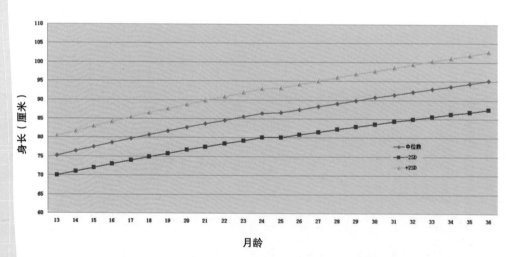

图 3-4　13 ～ 36 月龄女宝宝身长参考曲线

快来记录下宝宝这段时间

成长、喂养心得吧！

结束篇

　　您买回来的时候是不是没有想到是这样一本书，看完才发现不是什么"正经"的书。其实别担心，无论是宝宝的"吐槽"，还是专家的点睛，所有内容都是由有多年婴幼儿喂养经验的专业人士把关的，您可以放心使用。

　　24 个月喂养所需要的知识和付出，体验的艰辛和欢乐远远不止这些，如果这本"画风别致"的书在您养娃的道路上尽到了些许绵薄之力，我们会十分荣幸和欣慰。

　　书稿接近尾声，养娃还有漫长的路要走，真心希望在这本书的帮助下妈妈和宝宝开了一个好头，并在今后共同成长的岁月中，一切顺利。

2017 年 1 月